Der renommierte Astrophysiker Trinh Xuan Thuan nimmt uns mit nach Hawaii, wo er auf dem Vulkan Mauna Kea in 4000 Metern Höhe den Nachthimmel erforscht. An seiner Seite beobachten wir das Universum und blicken durch das Weltraumteleskop Hubble. Wir erkunden die Geheimnisse unseres Kosmos von der Abenddämmerung bis zum Morgengrauen, suchen nach dem Ursprung des Universums, lernen alles über den Mond und die Gezeiten und erfahren, warum Licht eigentlich unsichtbar ist. Thuans Ausführungen sind mit zahlreichen Gemälden, Fotografien und literarischen Zitaten zur Nacht versehen und führen uns so die Schönheit und die Fragilität des Universums vor Augen.

Trinh Xuan Thuan, Jahrgang 1948, wurde in Hanoi/Vietnam geboren. Er promovierte an der Princeton University und ist seit 1976 Professor für Astrophysik an der Universität von Virginia. Sein Spezialgebiet ist die Erforschung der Galaxien jenseits der Milchstraße. Es ist seine Überzeugung, dass wir Menschen eng mit dem Universum verbunden sind und dass Astrophysik und Metaphysik eng verknüpft sind.

Trinh Xuan Thuan

Die Magie der Nacht

Eine wissenschaftliche Reise von der Abenddämmerung bis zum Morgengrauen

Aus dem Französischen
von Andreas Jandl

Mit 51 farbigen Abbildungen

PIPER

Mehr über unsere Autoren und Bücher:
www.piper.de

MIX
Papier aus verantwortungsvollen Quellen
FSC® C013736

ISBN 978-3-492-05936-7

Titel der französischen Originalausgabe:
»Une nuit« bei Éditions de L'Iconoclaste, Paris 2017

Umschlaggestaltung: Cornelia Niere
Umschlagabbildung: vovan/Shutterstock.com
Satz: Tobias Wantzen, Bremen
Gesetzt aus der Fabiol
Litho: Lorenz & Zeller, Inning am Ammersee
Druck und Bindung: Kösel, Krugzell
Printed in Germany

Inhalt

1
Die Nacht zieht auf

2

In der Tiefe der Nacht

3
Die Nacht geht zur Neige

Ich liebe die Nacht aus tiefster Seele, wie man seine Heimat oder Geliebte liebt, instinktiv, unbezwinglich. Ich liebe sie mit allen Sinnen, mit meinen Augen, die sie durchdringen, mit meinem Geruchssinn, der sich an ihrem Duft entzückt, mit meinem Gehör, das ihr Schweigen in sich aufnimmt, mit meinem Tastsinn, wenn die Dunkelheit meine Haut zärtlich streift. [...]

Der Tag macht mich müde und matt. Er ist so brutal, so laut; mühselig stehe ich auf, kleide mich voller Überdruss an, mit Unlust gehe ich aus, und jeder Schritt, jede Bewegung, jedes Wort, jeder Gedanke macht mich müde, als müßte ich ein erdrückendes Gewicht heben.

Aber wenn die Sonne untergeht, durchströmt mich unbestimmte Freude. Ich werde munter, werde lebhaft und je dunkler es wird, desto angeregter fühle ich mich, desto kräftiger, beweglicher, glücklicher.

Guy de Maupassant, *La Nuit*[1]

Meiner Frau
und allen Betrachtern des Universums

1

Die Nacht zieht auf

Der Himmel, groß, voll herrlicher Verhaltung,
ein Vorrat Raum, ein Übermaß von Welt.
Und wir, zu ferne für die Angestaltung,
zu nahe für die Abkehr hingestellt.

Rainer Maria Rilke,
Nachthimmel und Sternenfall[2]

Ich bin auf der Insel Hawaii – mitten im Pazifischen Ozean. Doch die Landschaft hat wenig von den Postkartenbildern mit Palmen und feinen Sandstränden. Rundum ist alles trocken, frei von Vegetation, fast eine Mondlandschaft. Hier oben, auf dem Gipfel des ruhenden Vulkans Mauna Kea, ist eine der weltweit besten Stellen, um den Himmel zu beobachten. Der letzte Ausbruch liegt gut fünftausend Jahre zurück. Auf 4207 Metern Höhe, wo nur noch 60 Prozent der Erdatmosphäre über uns liegen, ist der Himmel von ungekannter Reinheit. Die Luft ist trocken und konstant; weder Kunstlicht noch andere Störfaktoren der Städte verschmutzen sie.

Die Astronomen haben das schnell verstanden. Wissenschaftler aus elf Ländern haben hier auf dem Vulkangipfel 13 Teleskope aufgestellt. Unter anderem die beiden Keck-Teleskope, die mit ihrem Spiegeldurchmesser von zehn Metern zu den allergrößten gehören. Die Leistungsfähigkeit eines Teleskops hängt davon ab, welche Lichtmenge es in einer bestimmten Zeiteinheit einfängt: Je größer der Spiegel, desto mehr Licht kann er sammeln. Der Mauna Kea ist einer der bedeutsamsten Standorte für die heutige Astronomie und gemessen an der Anzahl astrophysischer Entdeckungen auch einer der lohnendsten. Und schon zeigt sich am Horizont die Konstruktion eines noch größeren Teleskops, des TMT *(Thirty Meter Telescope)*, das mit einem 30-Meter-Spiegel ausgestattet sein soll. Mit dieser bislang ungekannten Größe wird es das Licht aus dem Kosmos neunmal besser einsammeln können als ein Keck-Teleskop, wird weniger stark leuchtende und weiter entfernte Objekte sehen und so bis zu 13 Milliarden Jahre zurück in die Zeit reisen können, also zurück bis in die erste Jahrmilliarde nach dem Big Bang. Mit dem TMT werden wir die Geburt der ersten Sterne und Galaxien *live* mit ansehen können.

Die wachsende Anzahl von Teleskopen auf dem Gipfel des Mauna Kea schürt den Unmut der örtlichen Naturschutzverbände. Zum Schutz von Umwelt, Geologie und der Lebensräume einiger Insektenarten soll der Vulkan unbebaut bleiben. Auch zum Schutz vor Störung des traditionellen Glaubens der Bevölkerung: Der Mauna Kea ist Wohnort der Götter (Kea ist die Abkürzung für *Wakea*, auf Deutsch »Gott des Himmels«) und gilt als heiliger Ort, der frei zugänglich bleiben muss. Die Wissenschaft darf sich unter keinen Umständen über die Natur stellen. Aber die Astronomen zahlen dem Gott des Himmels auf ihre Weise Tribut: Die Betrachtung des Universums hat eine hochspirituelle Dimension.

Im Augenblick ist mein Geist Tausende Meilen von diesen Interessenkonflikten entfernt. Durch einen dunkelblauen Himmel sinkt die Sonne langsam hinab zum Horizont.

Oberhalb der Wolken

Im weiten Blau des Himmelsgewölbes nicht die Spur einer Wolke. Die Luft ist unbewegt und still. Die Götter haben mir gutes Wetter geschenkt, es wird eine gute Beobachtungsnacht. Zum Glück, denn der Weg von meiner Universität in Charlottesville im US-Bundesstaat Virgina bis nach Hawaii war lang und beschwerlich: Einen ganzen Tag saß ich im Flugzeug, durchquerte sechs Zeitzonen, und als ich den Zielflughafen erreicht hatte, folgte eine stundenlange Fahrt bis hinauf zum Besucherzentrum, in dem die Astronomen ein paar Schlafplätze haben. Dieses Zentrum, Hale Pohaku (hawaiisch für »steinernes Haus«), liegt auf 2800 Metern Höhe. Der Astronom muss dort mindestens 24 Stunden verbringen, damit sein Organismus sich an die Höhe und die dünne, sauerstoffarme Luft gewöhnt, bevor er sich weitere 1400 Meter hinauf zum Gipfel begibt. Es braucht also einen ganzen weiteren Tag, bis man richtig mit der Arbeit beginnen kann. Eine der vielen Vorstufen dieser Hawaii-Mission. Die Erlaubnis dafür, drei Nächte hier oben zu verbringen, steht am Ende eines langen Prozesses. Alle sechs Monate lädt die NASA die astronomische Forschergemeinde ein, sich mit Rechercheprojekten, zu denen das Teleskop benötigt wird, bei ihnen zu bewerben. Die Anträge werden daraufhin geprüft und von einem Expertengremium bewertet. Nur jedes vierte Projekt wird zugelassen. Die Konkurrenz ist enorm. Beim Weltraumteleskop Hubble mit seinem außergewöhnlichen Sehvermögen schafft es beispielsweise nur jedes fünfte oder sechste Projekte in die Endauswahl.

Das Thema meines Forschungsvorhabens ist die Entstehung und die Evolution von Galaxien. Ich konzentriere mich dabei auf die Beobachtung von sogenannten »Zwerg-

Sternwarte auf dem Mauna Kea im Abendlicht.
Das Teleskop, das ich benutze, ist ganz rechts zu sehen.

»Der Übergang vom Tag zur Nacht ist eines der bewegendsten Ereignisse, die es gibt. Wenn die Sonne unter dem Horizont verschwindet, ist der Himmel weiterhin einige Momente lang erhellt. Dieser Abend verspricht eine schöne Beobachtungsnacht.«

galaxien«, also Galaxien mit kleinem Ausmaß wie auch mit kleiner Masse, da ich glaube, dass sie wichtige Grundlagen der anderen Galaxien sind, genau wie Protonen und Neutronen als die grundlegenden Bausteine von Atomkernen, aus denen ja alle Materie besteht. Die Zwerggalaxien schließen sich unter dem Einfluss der Gravitationskraft zusammen und bilden am Nachthimmel schließlich so prächtige Galaxien wie die Milchstraße. In den Zwerggalaxien befinden sich viele junge Sterne, dicht gedrängt in diesen stellaren Kinderstuben, die sehr heiß und massereich sind und ein blaues Licht aussenden – weshalb sie auch »Blaue kompakte Zwerggalaxien« genannt werden.

Eine gute Nacht

Gleich nach der Zusage für mein Forschungsvorhaben über die Blauen kompakten Zwerggalaxien wurde ich kontaktiert, um, schon Monate im Voraus, die Termine für meine Beobachtungsnächte festzulegen. Die Planung richtete sich nach der Position der zu beobachtenden Himmelsobjekte und den von mir benötigten Instrumenten. So konnte ich gut im Vorhinein planen, wann ich welche Beobachtungen durchführen wollte. Doch ein Unsicherheitsfaktor blieb: Niemand konnte im Voraus sagen, wie in den zugeteilten Nächten das Wetter sein würde. Das machte den langersehnten Aufenthalt hier oben zu einem Glücksspiel: Hat man Glück, und der Himmel ist wolkenlos, kommt man mit reicher Beobachtungs-Beute zurück zur Universität. Ansonsten, bei schlechtem Wetter, sind die gewährten Nächte verloren, und man kehrt mit leeren Händen heim. In dem Fall beginnt alles noch einmal von vorn, und man stellt im folgenden Jahr den Antrag erneut und hofft, dass er ein weiteres Mal genehmigt wird (ohne Erfolgsgarantie, da sich das Auswahlgremium wie auch die Konkurrenz verändern) und dass dann das Wetter mitspielt.

Bei dieser Reise habe ich das Glück auf meiner Seite. Der Himmel ist wolkenlos, es wird eine gute Nacht. Vor mir liegt eine surreale, schwarz gefärbte Landschaft mit vulkanischen Formationen, die hier und dort kegelförmig aufragen. Keine Vegetation, da sie in dieser Höhe nicht überleben kann. Und aus dieser Mondlandschaft erheben sich majestätisch-erhaben die großen weißen Schutzkuppeln der Teleskope.

Vor meinen Augen erstreckt sich rund um den Vulkan ein riesiges Wolkenmeer. Diese Schicht aus Wasserdampf ist das Ergebnis einer »Temperaturinversion«, wie die Physiker sagen. Mit zunehmender Höhe kühlt die Luft normalerweise ab, aber an einigen Orten, wie nahe am Gipfel des Mauna Kea, kann sich die Temperaturschichtung umkehren und lässt eine ca. 600 Meter dicke Wolkendecke entstehen. Inmitten dieses Wolkenozeans habe ich das verrückte Gefühl, hoch oben im All zu schweben. Die Wolkenschicht trennt den Himmel, den ich in dieser Nacht beobachten werde, von der schlechteren Luft weiter unten und wirkt als atmosphärischer Filter gegen Feuchtigkeit und Verschmutzung. Nur wenige Standorte können mit dem Mauna Kea in dieser Hinsicht rivalisieren: die chilenische Atacama-Wüste im Küstenbereich der Anden beispielsweise, wo die *Europäische Südsternwarte* ihren Sitz hat, bzw. nach offizieller Benennung die *Europäische Organisation für astronomische Forschung in der südlichen Hemisphäre*. Aber zur Beobachtung von Himmelskörpern auf der Nordhalbkugel eignet sich die Sternwarte von Mauna Kea wie keine zweite.

»Die stellaren Kinderstuben stecken in Kokons aus Gas und Staub und geben sehr viel Infrarotstrahlung ab.«

Das Licht verbindet uns mit dem Universum

Die imposanten Kuppeln, deren makelloses Weiß mit dem dunklen Schwarz des vulkanischen Bodens kontrastiert, sind eine Augenweide voller Schönheit und Poesie. Ihre weiße Farbe reflektiert das Sonnenlicht und schützt die Teleskope gegen die gefährlich hellen Strahlen unseres Zentralsterns. Heute Abend werden sie sich alle öffnen und das Licht aus dem Kosmos einsammeln. Über dieses Licht kommunizieren wir mit dem Universum, treten mit ihm in Verbindung. In ihm finden wir verstreute Töne der geheimen Melodie des Kosmos, die wir möglichst vollständig erfassen wollen. Das Weltall ist zu groß, um zu anderen Sternen und Galaxien zu reisen. Sogar eine Expedition zu dem unserer Sonne am nächsten gelegenen Stern, dem Proxima Centauri in 4,3 Lichtjahren Entfernung, würde mit der heutigen Raketentechnik fast 40 000 Jahre benötigen, also die 400-fache Dauer eines Menschenlebens. Die unermesslichen Weiten des Weltalls haben den positivistischen Philosophen Auguste Comte (1798–1857) zu der Behauptung veranlasst, dass der Mensch die wahre Beschaffenheit der Sterne niemals kennen wird, da sie zu weit entfernt seien. 1844 schrieb er in seinem *Traité philosophique d'astronomie populaire*: »Die Gestirne sind uns allein über das Sehen erfahrbar, und es ist begreiflich, dass sie in ihrem ersten Anscheine uns noch unvollkommener bekannt sind als alles Sonstige, da ihre Begutachtung sich auf die simpelsten und allgemeinsten Phänomene beschränken muss, die sich aus der Ferne optisch erkunden lassen.« Doch da täuschte sich der Philosoph gewaltig. Sechzig Jahre nachdem er diese Zeilen geschrieben hatte, entdeckte eine neue Atomphysik, die Quantenmechanik, dass das Licht der Sterne einen kos-

◂ Die Zwerggalaxie *Große Magellansche Wolke*

mischen Code in sich trägt: Die Astronomen müssen das Licht lediglich einfangen und in sein Spektrum zerlegen – genau wie ich es in der kommenden Nacht tun werde –, um diesen Code entschlüsseln und die chemische Zusammensetzung sowie die Bewegungen dieser unerreichbaren Sterne untersuchen zu können.

Was sich uns reicht mit dem Sternenlicht,
was sich uns reicht,
faß es wie Welt in dein Angesicht,
nimm es nicht leicht.

Zeige der Nacht, daß du still empfingst,
was sie gebracht.
Erst wenn du ganz zu ihr übergingst,
kennt dich die Nacht.

Rainer Maria Rilke,
Sternenlicht

Wie lässt sich das Geheimnis der chemischen Zusammensetzung von Sternen und Galaxien lüften? Durch die Wechselwirkung zwischen Licht und Materie: Licht wird erst wahrnehmbar, wenn es mit einem Objekt interagiert. Paradoxerweise ist das Licht, das uns erhellt und die Welt sichtbar macht, selbst unsichtbar. Schickt man Licht in einen geschlossenen Behälter und sorgt dafür, dass es auf keine Gegenstände oder Flächen trifft, sieht man nur Dunkelheit. Erst wenn das Licht auf einen Gegenstand trifft und diesen erhellt, lässt es sich im Behälter erkennen. Genauso geht es einem Astronauten, der durch das Fenster seiner Raumstation hinausschaut und nur tiefschwarze Nacht sieht, obwohl die Sonne den Weltraum um ihn herum mit Sonnenlicht durchflutet. Wenn dieses auf kein Hindernis trifft, bleibt es unsichtbar und der Himmel ist schwarz.

Damit das Licht seine Gegenwart anzeigt, muss also ein stoffliches Objekt seinen Weg kreuzen, ganz gleich ob dies die Blätter einer Rose, die Farbpigmente auf der Palette eines Malers, die Netzhaut unserer Augen oder die Spiegel von Teleskopen sind. Materie besteht aus Atomen, und jedes Atom besteht aus einem Kern, um den herum auf verschiedenen Umlaufbahnen seine Elektronen kreisen. Wenn die Elektronen von einer Umlaufbahn auf eine andere springen, nehmen sie Lichtpartikel (Photonen) mit einem bestimmten Energieniveau entweder auf oder geben sie ab. Betrachten wir nun das Lichtspektrum eines Sterns oder einer Galaxie – oder anders gesagt, zerlegen wir das Licht mit einem Prisma in seine verschiedenen energetischen oder farblichen Komponenten –, dann sehen wir, dass kein durchgehendes Spektrum entsteht. Durch Absorptionen und Emissionen ergeben sich vielmehr zahlreiche vertikale Spektrallinien, die den absorbierten oder emittierten Energiewerten der Atome aller chemischen Stoffe entsprechen, aus denen der Stern besteht. Die Verteilung der Spektrallinien ist also keineswegs zufällig, sondern zeigt genau die Anordnung der Elektronenbahnen in den Atomen dieser Stoffe. Bei jedem chemischen Element ist diese Anordnung einzigartig. Sie entspricht einer Art Fingerabdruck, einem Identitätsnachweis des Elements, mit dem die Astrophysiker es eindeutig bestimmen können.

Der kosmische Code, den das Licht uns übermittelt, verrät uns nicht nur die chemische Zusammensetzung der Sterne, sondern, wie gesagt, auch ihre Bewegungen. Im

Universum bleibt nichts an einem festen Ort, alles verändert, bewegt und entwickelt sich, ist Unbeständigkeit. Dass wir diese rasanten Bewegungen des Himmels nicht wahrnehmen, liegt allein daran, dass die Sterne zu weit entfernt sind und unser Leben zu kurz ist. Mit dem bloßen Auge lassen sie sich nur über Jahrmillionen oder sogar Jahrmilliarden erkennen. Doch das Licht sagt viel über die Unbeständigkeit des Kosmos aus. Es ändert die Farbe, wenn die Lichtquelle sich im Verhältnis zum Betrachter bewegt. Entfernt sich ein Objekt, so verfärbt es sich ins Rötliche. Die Spektrallinien verschieben sich in den niederenergetischen Bereich; bewegt sich ein Objekt auf den Betrachter zu, verfärbt es sich ins Bläuliche: Die Spektrallinien verschieben sich in den hochenergetischen Bereich. Indem die Astronomen diese Verschiebungen ins Rötliche und Bläuliche messen, können sie die kosmischen Bewegungen und den Reigen der Sterne verfolgen.

Das Licht birgt außerdem das Wunder in sich, dass es Aufschluss über die Vergangenheit des Universums geben kann und somit Erkenntnisse über dessen Gegenwart und Zukunft ermöglicht. Mithilfe des Lichts können wir in der Zeit rückwärtsreisen und das wundervolle kosmische Epos nachvollziehen, das sich in den letzten 14 Milliarden Jahren im All abgespielt hat. Licht kann sich nicht ohne zeitliche Verzögerung ausbreiten, es benötigt Zeit, um uns zu erreichen. Dennoch bewegt es sich mit der größten im Universum möglichen Geschwindigkeit: mit 300 000 Kilometern pro Sekunde (km/s). Ein Fingerschnippen, und schon hat das Licht die Erde siebenmal umrundet! Aber im Größenmaßstab des Kosmos ist das die Geschwindigkeit einer Schildkröte. Auf diese Weise liefert das Licht uns viele Informationen aus der Vergangenheit. Die Personen und Dinge um uns herum sehen wir nur den Bruchteil einer Sekunde später, doch bei Sternen und Galaxien ist die Verzögerung sehr viel größer. Je weiter ein Himmelskörper entfernt ist, umso länger lässt die Ankunft des Lichts auf sich warten. Der Mond erscheint uns so, wie er vor knapp über einer Sekunde ausgesehen hat, die Sonne, wie sie vor acht Minuten war, der nächstgelegene Stern, Proxima Centauri, so wie vor 4,3 Jahren und der Andromedanebel, die nächstgelegene, unserer Milchstraße ähnliche Galaxie, in dem Zustand von vor 2,3 Millionen Jahren. Anders gesagt, das Licht des Andromedanebels hat sich auf den Weg gemacht, als im afrikanischen Busch die ersten Menschen auftauchten. Und immer so weiter. Wir entdeckten Quasare, diese sehr weit entfernten Galaxien mit einem äußerst massereichen Schwarzen Loch von einer Milliarde Sonnenmassen in ihrem Zentrum (dem Ergebnis seines unstillbaren Appetits auf die Sterne seiner Wirtsgalaxie), in dem Zustand, wie sie vor gut zwölf Milliarden Jahren ausgesehen haben, als das Universum gerade erst zwei Milliarden Jahre alt war.

Der Dopplereffekt

Der Farbwechsel des Lichts, das ein sich bewegendes Objekt abstrahlt, beruht auf dem »Dopplereffekt«, dessen Name auf den österreichischen Physiker Christian Andreas Doppler (1803–1853) zurückgeht, der in der Akustik ein vergleichbares Phänomen entdeckte: Töne, die ein bewegtes Objekt von sich gibt, werden höher, wenn das Objekt sich dem Beobachter nähert, und tiefer, wenn es sich von ihm entfernt. Folglich hören wir als Passanten auf dem Gehweg die Sirene eines vorbeifahrenden Krankenwagens erst in höherer, dann in tieferer Tonlage.

Unsere Teleskope, diese Kathedralen der heutigen Zeit, sind großartige Zeitmaschinen, mit denen wir Sammler des kosmischen Lichts weit zurück in die Vergangenheit reisen können.

Unsichtbare Lichter

Zum einen erlaubt uns das sichtbare Licht – das für unsere Augen wahrnehmbare –, uns auf der Welt zu bewegen und mit ihr in Austausch zu treten; es erlaubt uns, ins Universum hineinzuschauen und Wissen zu erlangen, uns an seiner Schönheit zu erfreuen, an seiner Pracht und Harmonie, und schließlich ist es die Quelle des Lebens – da es die Pflanzen Fotosynthese betreiben lässt. Zum anderen hat uns die Natur, um die Geheimnisse des Kosmos zu durchdringen, auch mit anderen Lichtarten umgeben, die unsere Augen nicht wahrnehmen: den »unsichtbaren« Lichtarten.

Das sichtbare Licht stellt nur einen kleinen Anteil des Lichtspektrums dar, den die Physiker das »elektromagnetische Spektrum« nennen. Jede Lichtart wird durch die ihr eigene Energie charakterisiert. Hier habe ich die verschiedenen Lichtbereiche aufgelistet, von den hochenergetischen zu den niederenergetischen: Angeführt wird die Liste von den Gamma- und Röntgenstrahlen, die so energiereich sind, dass sie unseren Körper ohne Weiteres durchqueren; es folgt das ultraviolette Licht, das noch genügend Energie besitzt, um uns die Haut zu verbrennen und Krebs zu verursachen; dann kommt das kostbare sichtbare Licht; danach die Infrarotstrahlung, die unser Körper unaufhörlich aussendet und die nachts von Hunden wahrgenommen wird, da ihre Augen auch diesen Bereich erfassen; das Mikrowellenlicht – das unsere gleichnamigen Küchengeräte benutzen, um Nahrungsmittel zu erwärmen; und schließlich das Radiolicht, die Lichtart mit der wenigsten Energie, die unser Fernseh- und Radioprogramm durch den Raum transportiert, vom Sendemast bis zu unserem Mobiltelefon oder iPad.

Satellitenaugen

Dieser ganzen Palette von Lichtarten kann die Natur sich bedienen. Unsere Augen nehmen das sichtbare Licht wahr, da unser Stern, die Sonne, vor allem Strahlen dieses Spektrums aussendet. Doch das Universum ist keineswegs darauf beschränkt und strahlt höchst kreativ in allen erdenklichen Lichtspektren: Das explosive Sterben von Riesensternen setzt Gammastrahlung frei, das Umfeld von Schwarzen Löchern sendet große Mengen von Röntgenstrahlen aus und die stellaren Kinderstuben in ihren Kokons aus Gas und Staub schicken massenweise Infrarotstrahlen ins All.

Um das Universum mit all seinem Einfallsreichtum und in seiner ganzen Mannigfaltigkeit zu beobachten, haben die Astronomen äußerst findige Techniken entwickelt und Teleskope gebaut, die all die unterschiedlichen Lichtarten mithilfe jeweils spezifischer Techniken einsammeln können. So ist das Teleskop der NASA, das ich in den kommenden drei Nächten benutzen werde, darauf optimiert, die Infrarotstrahlung von Himmelskörpern zu empfangen. Aber die Astronomen müssen auch die Erdatmosphäre bedenken, da diese lebenswichtige Gasschicht als Filter wirkt, der nur sichtbares Licht und Radiolicht durchlässt, alles andere aber abhält. Glücklicherweise ist das so, denn die

»Die Astronomen haben äußerst findige Techniken entwickelt und Teleskope gebaut, die all die unterschiedlichen Lichtarten einsammeln können, sichtbare und unsichtbare.«

Gewitter und Milchstraße, beobachtet von der Sternwarte auf dem Mauna Kea

übermäßigen Dosen hochenergetischer Gamma-, Röntgen- und Ultraviolettstrahlen von der Sonne und aus dem Kosmos würden hier auf der Erde unsere Gesundheit beträchtlich schädigen. Doch diese schützende Filterwirkung passt dem Astronomen, der die ganze Palette aller von Himmelsobjekten abgegebenen Lichter untersuchen möchte, so gar nicht in den Kram. Für seine Beobachtungen muss er zwangsläufig seine »Augen ins All schießen«, das heißt, die Teleskope für Röntgen-, Ultraviolett- und Infrarotstrahlung an Ballons oder an Satelliten auf eine Umlaufbahn oberhalb der Erdatmosphäre bringen. Dass es gelang, künstliche Satelliten auf eine Umlaufbahn um die Erde zu bringen, wie es 1957 erstmals mit dem Sputnik geschah, stellt eine ebenso entscheidende Etappe in der Geschichte der Astronomie dar wie die Erfindung des Teleskops von 1609. Das Weltraumteleskop Hubble mit seinen 2,4 Metern Spiegeldurchmesser, das 1990 an Bord einer Weltraumfähre auf seine Erdumlaufbahn gebracht wurde, ist zweifelsohne das bekannteste dieser »Satellitenaugen«. Hubble fängt nicht nur sichtbares Licht ein, sondern auch Ultraviolett- und Infrarotstrahlung. Da das Licht weder die Erdatmosphäre durchqueren muss noch von den ständigen Bewegungen der Luftatome abgelenkt wird, haben Hubbles Weltraumfotos eine perfekte Schärfe und zeigen uns eine ungeahnte kosmische Pracht. Während sie zum einen unsere Vorstellungswelt wesentlich erweitern, verhelfen sie uns zum anderen zu beträchtlichen neuen Erkenntnissen über das Universum.

Die Sonnenuntergänge

Bevor ich in den Beobachtungsraum hineingehe, um meine Arbeitsnacht zu beginnen, gönne ich mir noch ein paar Augenblicke und sehe zu, wie die Sonne allmählich unter die Wolkendecke sinkt.

Der Wechsel zwischen Tag und Nacht beruht auf der Rotation der Erde. Überall auf dem Erdball wird es Nacht, weil unser Planet in seiner Drehung um sich selbst die Sonne am Horizont versinken und Dunkelheit aufziehen lässt. Umgekehrt wird es Tag, wenn die Erdrotation uns zur Sonne hinbewegt. Diese erhebt sich dann am Horizont, erhellt uns mit ihrem Licht, und ein neuer Tag bricht an. Weil die Erde sich von West nach Ost dreht, geht die Sonne immer im Osten auf, steigt bis zum höchsten Punkt, dem Zenit, und sinkt dann wieder hinab, bis sie im Westen untergeht. Doch die Sonnenbewegung am Himmel ist nur eine Illusion: Nicht unser Zentralstern bewegt sich, sondern wir; unser Beobachtungspunkt ist in ständiger Bewegung. Die tägliche Bewegung der Sonne durch den Himmel hat den Menschen gut zweitausend Jahre einem Irrglauben anhängen lassen; lange waren die Mensch der festen Überzeugung, dass die Erde unbeweglich in der Mitte des Universums prangt und sich alles andere – Sonne, Planeten, Sterne und sonstige Himmelskörper – um sie herumbewegt. Erst 1543 pflückte der polnische Domherr Nikolaus Kopernikus die Erde aus ihrer zentralen Position, setzte die Sonne an ihren Platz und begründete damit das heliozentrische Weltbild.

Indes sich die Erde um sich selbst dreht, wandert die Demarkationslinie zwischen Tag und Nacht auf dem Erdball ständig voran. Um den Untergang (oder Aufgang) der Sonne mitzuverfolgen, befindet man sich am besten genau an dieser Grenzlinie. Würden wir auf einem sehr kleinen Asteroiden leben, wie der kleine Prinz von Saint-Exupéry, so könnten wir der Trennlinie zwischen Licht und Schatten mit winzig kleinen Schritten folgen und so ständig einen neuen Sonnenunter- oder -aufgang beobachten.

Der Flieger erzählt, dass der kleine Prinz auf einem so kleinen Asteroiden lebt, dass er die Sonne an einem einzigen Tag dreiundvierzig Mal untergehen sehen kann: »Wenn es in den Vereinigten Staaten Mittag ist, geht die Sonne, wie jedermann weiß, in Frankreich unter. Um dort einem Sonnenuntergang beizuwohnen, müsste man in einer Minute nach Frankreich fliegen können. Unglücklicherweise ist Frankreich viel zu weit weg. Aber auf deinem so kleinen Planeten genügte es, den Sessel um einige Schritte weiterzurücken. Und du erlebtest die Dämmerung so oft du es wünschtest ... Du weißt doch, wenn man recht traurig ist, liebt man die Sonnenuntergänge ...«[3]

Sonnenuntergänge beruhigen unsere Herzen, wenn wir traurig oder melancholisch sind; ihre Schönheit wirkt wie ein Balsam. Vor dem Eingang zu meiner Sternwarte bleibe ich stehen, ganz hingerissen von der breiten Palette an Farben, dieser Mischung gelber, roter und orangefarbener Töne, die den Himmel erleuchten, kurz bevor unser Stern unter der Wolkendecke verschwindet und die Nacht das Land umhüllt.

Dämmerung
Substantiv, feminin
Übergang vom Tag zur Nacht, von der Nacht zum Tag
Beispiele: die D. bricht an; bei, mit Einbruch der D.

Der Duden

Mark Rothko, Ohne Titel – *Weiß, Gelb, Rot auf Gelb*, 1953

Metamorphose der Farben

Wie kommt es zu dieser regelrechten Farbexplosion? Durch welchen Zauber verfärbt sich die Sonne, die ja hoch über uns in blendendem Weiß erstrahlt, in ein glühendes Gelb, dann in loderndes Orange, um schließlich in sattem Rot auf die Horizontlinie der Wolkenbank zu sinken? Zu dieser Farbmetamorphose kommt es durch die Luftmoleküle und die Schwebstoffe in der Erdatmosphäre. Schwebstoffe entstehen entweder durch den Menschen – als aufgewirbelte Staubpartikel beziehungsweise als Rauch – oder auf natürliche Weise als feine Wassertröpfchen über dem Ozean. Das Zusammenwirken von Teilchen und Sonnenlicht ruft dieses wunderbare Lichtschauspiel hervor. Befindet sich die Sonne hoch im Himmel, trifft ihr Licht auf seinem Weg zu unseren Augen auf relativ wenige Luftteilchen und Schwebstoffe. Das Sonnenlicht wird also wenig gestreut oder absorbiert und behält seine ursprüngliche weiße Farbe. Doch wenn der Tag sich neigt und die Sonne knapp über dem Horizont steht, durchquert das tief einfallende Licht deutlich mehr Atmosphäre. Es triff auf viel mehr Luftmoleküle und Schwebstoffe: Ein Großteil der blauen Bestandteile des Lichts wird abgelenkt. Das mindert die Helligkeit und ändert auch die Farbe der Sonnenscheibe. Wird aus weißem Licht das blaue herausgefiltert, verfärbt es sich zunehmend ins Rote und erfreut uns mit einem außergewöhnlichen Farbfestival aus Gelb, Rot und Orange.

Das blaue Licht

Die unendliche Tiefe des blauen Himmels über dem Mauna Kea, in die ich schaue und in der ich mich zu verlieren glaube, resultiert auch aus der Streuung des blauen Lichts durch Moleküle und Schwebstoffe in der Erdatmosphäre. Es ist das gleiche Blau, das ich bereits auf der Reise hierher aus dem Flugzeug bewundern konnte. Den ganzen Flug über schienen sich die Berge und Flüsse in einer riesigen blauen Sinfonie zu verlieren. Diese Pracht verdanken wir der Luftschicht, die wir atmen und die uns vor schädlicher Strahlenbelastung schützt, insbesondere vor der kosmischen Strahlung, die explodierende Supernovae als energiereiche Partikel ins All schleudern. Doch die Atmosphäre ist nur eine sehr dünne Schicht. Wenn wir uns die Erde in der Größe einer Orange vorstellen, wäre ihre Atmosphäre kaum dicker als die Schale. Oberhalb dieser Luftschicht ist die Erde von einem Fast-Vakuum umgeben. Im interstellaren Raum zwischen den Himmelskörpern gibt es keine Luftmoleküle, die das Sonnenlicht streuen und damit das herrliche Blau erzeugen – dort wird der Himmel schwarz. Aus diesem Grund ist der Himmel, den die Astronauten im Beinahe-Vakuum des Alls oder von der vollkommen luftfreien Mondoberfläche aus sehen, immer dunkel.

Der Übergang vom Tag zur Nacht ist eines der berührendsten Ereignisse überhaupt. Wenn die Sonne unter dem Horizont verschwindet, wird es nicht mit einem Schlag Nacht. Der Himmel bleibt ein paar Momente lang erhellt: Diesen Zustand nennen wir Zwielicht oder Dämmerung. Über den Zeitraum einer Stunde hinweg nimmt die Helligkeit des Himmels vom Sonnenuntergang bis zum Einbruch der Dunkelheit um das 400 000-Fache ab.

Und wieder ist es die Erdatmosphäre, die die Dämmerung verursacht. Obwohl sich unser Stern unter dem Horizont befindet, erhellt er durch die Lichtstreuung weiterhin die Atmosphäre über uns. Sobald die Sonne aber tiefer als sechs Grad unter den Horizont steht, können wir in unseren Breiten nicht mehr ohne Kunstlicht lesen. Bei 12 Grad verschwinden die Umrisse der Gegenstände unserer Umgebung. Und bei 18 Grad tritt völlige Dunkelheit ein.

Genau dann werde ich meine astronomischen Beobachtungen beginnen. Doch im Moment bilden im Westen, in Richtung der sich senkenden Sonne, einige gelblich orangene Wolken noch eine Art Sonnenuntergangsbogen. Im Zenit über uns hat der Himmel seine blaue Farbe behalten, während fast alle anderen Bereiche sich verfärbt haben. Dieses Phänomen wird durch die Ozonschicht in etwa dreißig Kilometern Höhe hervorgerufen: Sie filtert das Sonnenlicht, absorbiert insbesondere Rot-, Orange- und Gelbtöne, lässt blaues Licht aber hindurch.

Der Mond: Nachtstern und Kind der Erde

Im Dämmerlicht des Sonnenuntergangs beobachte ich, wie die Mondsichel eilig zum Horizont herabsinkt. Der Mond ist am Nachthimmel bei Weitem das hellste Gestirn. Er ist unser Satellit und hat schon immer eine starke Faszination auf die Fantasie der Menschen ausgeübt, bei Künstlern ebenso wie bei Wissenschaftlern, bei Astrologen wie bei Astronomen.

Wen begeistern sie nicht, die zyklisch wiederkehrenden Mondphasen, vom Neumond über Sichel und Viertel bis zum Vollmond? In einigen alten Kulturen, etwa in China oder auf den Philippinen, glaubte man sogar, dass ein Drache den Mond nach jedem Zyklus auffraß und dass für den folgenden Zyklus wortwörtlich ein »neuer« Mond geboren wurde. Heute wissen wir, dass die Mondphasen weder mit Drachen noch mit Vampiren zu tun haben, sondern im Lauf seiner 29,5 Tage dauernden, monatlichen Umrundung der Erde lediglich unterschiedlich große Flächen so von der Sonne beleuchtet werden, dass sie von unserem Planeten aus sichtbar sind.

Ja, ich wollte den Mond. [...] Diese Welt ist so, wie sie gemacht ist, nicht zu ertragen. Also brauche ich den Mond, oder das Glück oder die Unsterblichkeit, etwas, was unsinnig sein mag, was aber nicht von dieser Welt ist.

Albert Camus,
Caligula[4]

Supernovae
Gewaltige Explosionen, die beim Tod massereicher Sterne entstehen, die mindestens das Zehnfache der Masse unserer Sonne besitzen. Innerhalb weniger Tage setzen sie so viel Energie frei wie eine ganze Galaxie mit Hunderten Milliarden von Sternen. Von der Erde aus gesehen erscheint uns eine Supernova bisweilen daher wie die Geburt eines Sterns, obwohl sie eigentlich sein Verschwinden anzeigt. In der Lebensdauer eines Menschen kommen Supernovae nur selten vor – schätzungsweise sind in unserer Milchstraße pro Jahrhundert höchstens drei zu beobachten.

»Das blaue Licht, das die Erde umgibt, entsteht mit der Brechung des Sonnenlichts durch die Luftmoleküle. Sobald es keine Atmosphäre mehr gibt, wird der Himmel schwarz.«

Der Mond spielt eine entscheidende Rolle für unsere Existenz. Ohne ihn wäre das Leben auf der Erde nicht möglich. Er bildet mit unserem Planeten in mehrerlei Hinsicht ein symbiotisches Paar. Er wurde sogar im wörtlichen Sinne aus der Erde geboren. Der wuchtige Aufprall eines irrwitzigen Meteors auf unserem Planeten hat ihn aus diesem herausgerissen. Laut dieser Theorie vom »großen Einschlag« gebar die Erde den Mond vor 4,55 Milliarden Jahren in der Entstehungsphase unseres Sonnensystems, als sich die Planeten bildeten. In den nachfolgenden Hunderten von Jahrmillionen, in denen sich die Planeten konsolidierten, durchflogen große Meteore namens Asteroiden das Sonnensystem in allen Richtungen, mit Geschwindigkeiten von vielen Kilometern pro Sekunde. Immer wieder kam es zwischen den sich bildenden Planeten und den Asteroiden zu Zusammenstößen von unvorstellbarer Wucht. Bei einem dieser krachenden Zusammenstöße wurde der Mond aus der Erdkruste herausgeschleudert. Ein riesiger steinerner Asteroid von der Größe unseres Nachbarplaneten Mars (etwa halb so groß wie die Erde und mit einem Zehntel seiner Masse) schlug in unserem Planeten ein. Durch die Wucht des Aufpralls schoss brennende, flüssige Lava, die sowohl von der Erde als auch vom einschlagenden Asteroiden stammte, in großer Menge hinauf ins All. Die hochgeschleuderte Materie kühlte anschließend ab und zog sich unter Einwirkung der Gravitationskraft zu einer Kugel zusammen: dem Mond.

Bei der Entstehung unserer Lebensrealität spielte der Zufall eine herausragende Rolle: Er beschied der Erde, und nur ihr, nicht den anderen Gesteinsplaneten (also denen mit fester Oberfläche wie Merkur, Venus und Mars) einen Zusammenstoß dieser Größenordnung. Folglich ist unsere Erde als einziger Gesteinsplanet mit einem so großen Mond ausgestattet. Mangels ähnlich fruchtbarer Kollisionen besitzen Merkur und Venus keinen Mond, beim Mars sind es zwei, die aber nur sehr klein sind. Diese beiden Marssatelliten mit ihren zwanzig Kilometern Durchmesser hat der Rote Planet mittels seiner Gravitationskraft angezogen. Wäre der Asteroid, der in die Erde eingeschlagen ist, etwas größer gewesen, hätte er unseren Planeten in tausend Stücke zersprengt. Unseren kosmischen Hafen hätte es dann nie gegeben, und uns noch weniger. Die Natur improvisiert also wie ein Jazzmusiker, der Melodien um ein bekanntes Thema improvisiert und neu ausschmückt, um je nach seiner Inspiration und der Reaktion des Publikums neue Tonfolgen zu finden. Durch ihr Spiel mit physikalischen Gesetzen und Eventualitäten erschafft die Natur dabei Neues.

Ein idealer Satellit

Ein zufälliges Ereignis steht also am Anfang unserer Existenz: Unser Satellit, der Mond, der durch die Schwerkraft mit der Erde verbunden ist, verhilft ihrer Rotationsachse zu einer Stabilität, dank derer klimatische Extreme vermieden und die Entstehung und Entfaltung des Lebens auf unserem Planeten begünstigt werden. Ohne den Mond würde sich die Rotationsachse unseres Planeten vollkommen chaotisch verhalten, nicht im Sinn von »Unordnung«, sondern im wissenschaftlichen Sinn, auf nicht vorhersehbare Weise. Die Erde könnte ohne jede Vorwarnung aus einer aufrechten Position (Neigung von 0 Grad) über ihre derzeitige Neigung von 23,5 Grad in eine vollkommen liegende Position übergehen (Neigung von 90 Grad). Woher wir das wissen? Dank Computersimulationen, die uns erlauben, die Evolution der Erde ohne einen Mond nachzuzeichnen. Für das Leben auf der Erde hätte das chaotische Verhalten katastrophale klimatische Folgen. Würde unser Planet sich aufrecht halten, wäre die Sonneneinstrahlung auf der 365 Tage dauernden Reise um die Sonne an jedem Ort auf dem Globus stets die gleiche. Die Jahreszeiten würden verschwinden und wir Menschen hätten weder ockerrote oder zartlila Herbstblätter noch beißenden Frost im Winter kennengelernt. Würde sie allerdings vollständig liegen, hätten wir im Jahresverlauf extreme klimatische Veränderungen: Über sechs Monate wäre die eine Hälfte der Erde in die Dunkelheit und bittere Kälte eines endlosen Winters getaucht; und in den folgenden sechs Monaten würde auf dieselbe Hälfte glühend heiß das gleißende Licht der Sonne herabbrennen. Angesichts solcher klimatischer Extreme, die uns jederzeit heimsuchen könnten – die Eigenart von chaotischem Verhalten ist ja die Unvorhersehbarkeit –, hätte sich das Leben auf der Erde nur mit erheblichen Schwierigkeiten entwickeln können.

Mars liefert uns ein konkretes Beispiel dafür, was ohne die Anwesenheit eines großen, die Rotationsachse stabilisierenden Mondes passiert. Seine beiden kleinen Satelliten haben zu wenig Masse, um diese Aufgabe zu übernehmen. Die Neigung des Roten Planeten ist derzeit mit der Erdneigung vergleichbar (25,2 Grad), aber man nimmt an, dass seine Rotationsachse in der Vergangenheit um 10 Grad verschoben war, wodurch das Klima auf dem Mars einige Extremphasen durchlaufen hat. Wahrscheinlich hat eine zu große Neigung zur Sonne die Ozeane und Flüsse, die es noch vor einigen Milliarden Jahren auf der Oberfläche gegeben hat, seitdem in glühend heißen Sommern regelrecht verdampfen lassen. Nur noch Sedimentbecken und ausgetrocknete Flussbetten erinnern an die einstige Pracht.

Die subtile Wechselwirkung zwischen Erde und Mond

Der Mond, den ich dort oben durch den Himmel ziehen sehe, stabilisiert nicht nur die Rotationsachse unseres Planeten und ermöglicht damit die Entfaltung des Lebens. Er interagiert mit der Erde auf subtile Weise. Dank dieser Wechselwirkung der Schwerkraft kann der Mond ein Geheimnis bewahren: Von der Erde aus kann ich nie mehr als eine Seite des Mondes sehen, die andere bleibt mir immer verborgen. Wie gelingt unserem Satelliten der Zaubertrick, sich uns nur von einer Seite zu zeigen, obwohl er doch nicht stillsteht? Neben seiner monatlichen Umrundung der Erde dreht sich der Mond auch um die eigene Achse. Man könnte glauben, dass er uns dabei seine gesamte Oberfläche zeigen müsste. Und dennoch tut er es nicht. Warum? Weil es dem Mond gelungen ist, die Drehung um sich selbst mit seiner Umrundung der Erde zu synchronisieren.

Anders gesagt: Er benötigt für beide Bewegungen genau die gleiche Zeitspanne, nämlich neunundzwanzigeinhalb Tage. Aufgrund dieser Synchronrotation ist von der Erde aus immer nur die eine gleiche Mondseite zu sehen. Zum Beweis führen Sie folgendes Experiment durch: Lassen Sie einen Freund auf einem Stuhl Platz nehmen und drehen Sie nun eine Runde um ihn, wobei Sie ihn stets im Blick behalten und ihm nie den Rücken zudrehen. Das Experiment gelingt nur, wenn Sie sich bei Ihrer Runde um ihn herum in gleicher Zeit um sich selbst drehen. Die perfekte Synchronisation dieser beiden Bewegungen des Mondes ist kein Zufall. Sie ist Gravitationskräften der Erde geschuldet, die diese auf den Mond ausübt. Die verborgene Seite des Mondes haben wir erst

Henri Rousseau, genannt »Le Douanier« (Der Zöllner), ▸
Die schlafende Zigeunerin

Henri Rousseau

mithilfe von Raumsonden auf Umlaufbahnen rund um den Mond sehen können, erstmals 1959 durch die russische Sonde Luna 3.

Die Gezeiten

Die gravitative Wechselwirkung zwischen Erde und Mond zeigt sich auf andere Weise. Wir alle kennen das Phänomen der Gezeiten, die für Ebbe und Flut in den Ozeanen verantwortlich sind. Auch hier ist es wieder der im Schleier der Nacht scheinbar so zarte Mond, der mittels seiner Gravitationskraft, die er auf die Erde ausübt, die riesigen Wassermassen der Ozeane ansteigen lässt und die bei Ebbe von Kindern am Strand gebauten Standburgen zerstört. Der Mond hebt den Wasserstand der Ozeane nicht alleine. Auch die Sonne leistet einen Beitrag, aber einen kleineren, der knapp halb so groß ist wie der des Mondes.

Je nachdem, wie das Sonne-Mond-Paar jeweils zur Erde steht, kann die Sonne die Anziehung des Mondes verstärken oder abschwächen. Und die jeweilige Stellung zueinander bestimmt ebenfalls die Mondphasen. Das geht so weit, dass die Höhe der Gezeiten mit dem Erscheinungsbild unseres Satelliten Hand in Hand geht. Bei Neumond und bei Vollmond befinden sich Sonne und Mond mit der Erde auf einer Linie, und ihre Kräfte, die Einfluss auf die Wassermassen der Ozeane nehmen, addieren sich: Die Flut steigt besonders hoch, die Ebbe sinkt besonders tief. Im ersten und letzten Viertel des Mondes hingegen stehen Sonne und Mond von der Erde aus betrachtet im rechten Winkel zueinander, und die Sonne hebt die Kraft des Mondes zur Hälfte auf: Der Tidenhub ist kleiner.

Die Gezeiten bewirken allerdings noch anderes als die Zerstörung von Sandburgen. Seit seiner Entstehung vor gut 4,5 Milliarden Jahren dreht sich der Blaue Planet zunehmend langsamer um sich selbst, und die Tage werden zunehmend länger. Durch das Kommen und Gehen der Gezeiten entsteht Reibung zwischen den Wassermassen der Ozeane und der Erdkruste. Diese Reibung setzt nun Wärme frei und lässt die Erde Energie verlieren. Um sich den Vorgang zu vergegenwärtigen, berühren sie einmal die glühend heiße Bremse Ihres Fahrrads, nachdem Sie beim Ausweichen vor einem Auto eine Notbremsung hingelegt haben. Die Wärme entsteht durch die Reibung der Bremse am Rad.

In ähnlicher Weise reiben die Ozeane über die Erdkruste und nehmen der Erde etwas von ihrer Rotationsenergie, sodass sie sich allmählich langsamer um sich selbst dreht. Und da die Länge eines Tages dadurch bestimmt wird, wie lange unser Planet für eine Drehung um sich selbst benötigt, heißt das, die Tage werden länger. Doch dürfen sich die Hyperaktiven, für die der Tag nicht genügend Stunden hat, nicht zu früh freuen. Zwar werden die Tage länger, doch geschieht dies im Schneckentempo. Sogar wer einhundert Jahre alt wird, erlebt zwischen Geburt und Tod lediglich eine Verlängerung der Tagesdauer um 0,002 Sekunden. In geologischen Zeiteinheiten, die sich nicht in Jahrhunderten, sondern Jahrmilliarden messen, macht sich die kumulierte Bremsung der Erde durchaus bemerkbar. Wenn sich die Erde in Zukunft langsamer um sich selbst drehen wird, heißt das im Umkehrschluss, dass sie in ihrer Vergangenheit sehr viel schneller war. Reisen wir rückwärts durch die Zeit, so betrug die Tageslänge vor 350 Millionen Jahren nur zweiundzwanzig Stunden. Und noch ein paar Milliarden Jahre zuvor rotierte die

Erde viermal so schnell, weshalb ein Tag nur sechs Stunden dauerte. Andersherum betrachtet durcheilte die Sonne den Himmel auf ihrer täglichen Bahn vom Auf- zum Untergang in nicht mehr als drei Stunden.

Der Zeugenbericht des Nautilus

Wenn der Mond mit Gezeitenkräften das Wasser auf der Erde bewegt, so ist unser Blauer Planet ebenso aktiv. Die Erde übt ihrerseits Gezeitenkräfte auf die steinige Oberfläche unseres Satelliten aus und bremst die Geschwindigkeit, mit der er die Erde umrundet. Es gibt ein Meereslebewesen mit dem schönen Namen Nautilus, das als lebender Beweis dafür gelten kann, dass der Mond auf seiner Umlaufbahn um die Erde abgebremst wird.

Das Weichtier ist für sein elegant eingedrehtes Gehäuse bekannt. Dieses besteht aus einer ganzen Reihe von Kammern mit gewölbten Zwischenwänden.

Ähnlich einem Maurer, der jeden Tag eine neue Lage Ziegel setzt, fügt der Nautilus seinem Gehäuse täglich eine weitere, als Streifen sichtbare Kalkschicht hinzu. Am Ende eines jeden Monats, wenn der Mond die Erde komplett umrundet und der Nautilus dreißig Streifen abgesondert hat, verlässt er seine Kammer und zieht in eine neue, die er von der vorherigen durch eine Zwischenwand abtrennt. Somit trägt der Nautilus eine Art Kalender in sich, mithilfe dessen wir nachverfolgen können, wie sich die Bewegungen des Mondes um die Erde entwickelt haben. Untersucht man die Fossilien der Urahnen unserer heutigen Nautilusse, so zeigt sich ein interessantes Detail: Die Anzahl der Streifen zwischen zwei aufeinanderfolgenden Zwischenwänden, und damit die Anzahl der Tage im Monat, nimmt ab, je äl-

»Die Erde gebar den Mond vor 4,55 Milliarden Jahren in der Entstehungsphase unseres Sonnensystems, als sich die Planeten bildeten.«

ter das Fossil ist. Dank der Nautilusse von einst erfahren wir, dass der Mond in der Vergangenheit seine Reise um die Erde in deutlich weniger Zeit vollbracht hat: Anstelle der heutigen 29,5 Tage benötigte er vor 45 Millionen Jahren nur 29,1 Tage und vor 2,8 Milliarden Jahren nur 17 Tage. Anders gesagt, nicht nur die Tage werden mit der Zeit länger, sondern auch die Monate ...

Die Bremsung der Orbitalbewegung des Mondes hat außerdem zur Folge, dass er sich zunehmend von der Erde entfernt. Wir wissen dies aufgrund von Messungen mit sehr starken Laserstrahlen, die die Astronomen von der Erde zum Mond schicken, wo sie auf Reflektoren treffen, die Astronauten einer Apollo-Mission dort installiert haben. Wie lange der Laserstrahl zum Mond und zurück benötigt, gibt uns sehr genau Aufschluss über die Entfernung zwischen den beiden Himmelskörpern. Um die Entfernung zum Mond zu errechnen, multipliziert man lediglich die Dauer für den Hin- und Rückweg des Lasers mit der Lichtgeschwindigkeit und teilt das Produkt durch zwei. Aus diesen Berechnungen wissen wir, dass sich unser Trabant in Spiralbewegungen jedes Jahr etwa 3,8 cm weiter von der Erde entfernt, was ungefähr der Geschwindigkeit des Wachstums unserer Fingernägel entspricht. Das heißt,

Gezeitenkräfte

Die Gezeitenkraft eines Himmelskörpers ist proportional zu seiner Masse und umgekehrt proportional zur zweiten Potenz seiner Entfernung. Auch wenn die Sonne im Vergleich zum Mond sehr viel mehr Masse besitzt, ist sie sehr viel weiter entfernt, sodass letztlich die Gezeitenkraft, die die Sonne auf die Erde ausübt, nur halb so groß ist wie die des Mondes.

◂ Roy Lichtenstein, *Nachts am Meer*

»Am Ende eines jeden Monats, nach einer kompletten Runde des Mondes um die Erde, hat der Nautilus dreißig Streifen abgesondert. Somit können wir nachverfolgen, wie sich die Bewegungen des Mondes um die Erde entwickelt haben.«

vor 4,5 Milliarden Jahren, als unsere Erde sich bildete, muss ihr der Mond sehr viel näher gewesen sein. Denkt man diese Entwicklung weiter in die Zukunft, so werden die Tage und Monate für unsere Nachkommen unaufhaltsam länger werden. Da sich der Tag relativ gesehen schneller verlängert als der Monat, werden beide in ungefähr zehn Milliarden Jahren dieselbe Dauer haben – also ca. fünf Milliarden Jahre nachdem die Sonne ihre Brennstoffe Helium und Wasserstoff aufgebraucht hat und zu einem toten Stern geworden ist.

Die Dauer eines Tages und eines Monats wird dann siebenundvierzig heutigen Tagen entsprechen. Der Mond wird sich nicht weiter von der Erde entfernen. Unser Planet wird genauso lange für eine Drehung um die eigene Achse benötigen wie der Mond für eine Umrundung. Damit wäre die Erde in der gleichen Situation wie der Mond heute, der für die Drehung um die eigene Achse ebenso lange benötigt wie für die Umrundung der Erde. Genau wie der Mond uns Erdbewohnern derzeit immer dasselbe Gesicht zeigt, würde die Erde sich den Mondkratern dann immer mit derselben Hälfte ihrer Oberfläche präsentieren.

Milde ist die Nacht,
Und Luna thront mit lächelndem Gesicht
Und überblickt ihr Sternenvolk voll Gnade,
Doch hat sie hier nicht Macht:
Nur manchmal bläst ein Windhauch etwas Licht
Durch grüne Dämmernis auf moosige Pfade.

John Keats,
Ode an eine Nachtigall[5]

Der Mond kann für Verliebte und Dichter eine Wonne sein, doch wer den fernen Nachthimmel beobachten möchte, dem ist er eher hinderlich als hilfreich. Heute Nacht werde ich versuchen, das Licht extragalaktischer Objekte einzusammeln, die extrem weit entfernt und damit sehr lichtschwach sind. Der Mond würde mir mit seinem Schein die Beobachtung leider unmöglich machen. Daher achte ich bei meinen Beobachtungsterminen immer genau darauf, dass der Mond möglichst wenig scheint, also zwischen Neumond und der ersten Mondsichel. In dieser Nacht steht er als Sichel am Himmel. Ich weiß aber, dass diese in zwei Stunden untergehen und die restliche Nacht vollkommen mondlos sein wird.

Nacht am helllichten Tag

Neben dem Karussell seiner verschiedenen Phasen, mit denen der Mond uns auf der Erde erfreut, beschert er uns auch eines der schönsten Schauspiele überhaupt: die totale Sonnenfinsternis. In unregelmäßigen Abständen, aber stets zum Neumond, liegt der Mond mit der Sonne und der Erde auf einer Geraden, sodass er dem Sonnenlicht den Weg versperrt und den Tag für einige Minuten zur Nacht werden lässt. In einem Korridor von etwa 250 Kilometern Breite wandert der Schatten des Mondes über die Erdkugel, und viele Menschen können beobachten, wie die Sonnenscheibe zunächst kleiner wird und irgendwann ganz verschwindet. Am helllichten Tag zieht die Nacht auf, die Temperatur fällt und am Himmel zeigen sich die Sterne. Die Vögel hören auf zu singen, es herrscht magische Stille, als hielte die ganze Natur den Atem an.

Dieses Ereignis, bei dem die schwarze Scheibe des

Mondes die Sonne immer weiter anknabbert und dann für einige Minuten ganz verschwinden lässt, ist eines der außergewöhnlichsten und denkwürdigsten Naturschauspiele überhaupt. Für die Bewohner mythengeprägter Welten müssen diese Vorgänge noch beunruhigender und verwirrender gewesen sein, da sie nicht sicher sein konnten, ob die Sonne auch wiederauftauchen würde.

Während einer Sonnenfinsternis wird auch die Sonnenkorona sichtbar, die normalerweise am Tag für Beobachtungen nicht ausreichend hell ist. Es handelt sich um einen unregelmäßig geformten Lichthof um das Sonnenrund herum. Die Korona besteht aus mehrere Millionen Grad heißem Gas, das sich bis zu einige Millionen Kilometer von der Sonnenoberfläche strahlenförmig ins All ausbreitet. Aufgrund seiner hohen Temperatur ist nur ein Bruchteil des Koronalichts für uns sichtbar; der sehr viel größere Teil besteht aus Röntgenstrahlen. Dieses Licht ist so energiereich und gegebenenfalls zerstörerisch für unsere Netzhaut, dass wir eine Sonnenfinsternis nie ohne spezielle Schutzbrillen beobachten dürfen. Durch die Orbitalbewegung des Mondes um die Erde und deren eigene Rotationsbewegung verbleibt der runde Schatten, den unser Trabant auf die Erde wirft, nicht immer an derselben Stelle, sondern zieht mit über 1700 Stundenkilometern über den Betrachter hinweg, der eben noch im Mondschatten, kurze Zeit später schon wieder im vollen Tageslicht steht. Sogar die längste totale Sonnenfinsternis dauert daher nicht länger als sieben Minuten. Nach wenigen Minuten gewinnt der Tag wieder die Oberhand, und dem Betrachter bleibt nur noch die wehmütige Erinnerung, ein Naturereignis miterlebt zu haben, das zu den schönsten und spektakulärsten gehört. Auch zu den seltensten, denn aller Wahrscheinlichkeit nach kommt es an einem Punkt auf der Erde nur alle 300 Jahre vor, dass am helllichten Tag die Nacht aufzieht, es sei denn, man reist extra überall dorthin, wo sich im Schatten des Mondes eine totale Sonnenfinsternis ereignet.

In einer sehr entfernten Zukunft wird es totale Sonnenfinsternisse nicht mehr geben. Die Gezeitenkräfte, die die Erde auf den Mond ausübt, werden den Trabanten allmählich von unserem Planeten entfernen. Und je weiter er entfernt ist, desto kleiner wird er uns erscheinen, da sich seine scheinbare Größe umgekehrt proportional zur Entfernung von der Erde verhält. Für den Betrachter auf der Erde sind die scheinbaren Größen von Mond und Sonne

Legenden zur Sonnenfinsternis

Viele – je nach Kultur verschiedene – Mythen ranken sich um die Sonnenfinsternisse; fast alle gehen von einer Störung der allgemeinen Ordnung aus. Für die Chinesen brach plötzlich am Tage die Nacht herein, weil ein Drache kam, der die Sonne »auffraß«. Das chinesische Wort für »Sonnenfinsternis«, *shí,* bedeutet im Übrigen auch »essen«.

Zahlreiche Kulturen erklären das Verschwinden der Sonne (oder auch des Mondes bei einer Mondfinsternis) damit, dass der Himmelskörper von einem Tier oder Dämon gefressen wurde. In der ägyptischen Mythologie ist von einer Schlange die Rede, die den Sonnengott angreift. Für die Wikinger handelte es sich um ein Paar himmlischer Wölfe, die sich die Sonne oder den Mond einverleiben. Und laut der vietnamesischen Mythologie ist es eine Kröte oder ein Frosch, der sie frisst.

Für einige andere Völker, etwa die Mayas, war das Verschwinden unseres Sterns ein Hinweis auf den Zorn der Götter, die mit Opfern besänftigt werden mussten.

heute durch einen kuriosen Zufall bis auf einen halben Grad ungefähr gleich, sodass der Mond die ganze Sonnenscheibe überhaupt verdecken und das zauberhafte Schauspiel einer totalen Sonnenfinsternis bewirken kann.

Die beiden Himmelskörper haben dieselbe scheinbare Größe, da die Sonne im Vergleich zum Mond zwar einen 400 Mal größeren Durchmesser hat, aber auch 400 Mal weiter von der Erde entfernt ist. Doch unsere Ururur-ur...-Enkel werden diesem Ereignis nicht mehr beiwohnen können, weil der Mond, der sich ja immer weiter von der Erde entfernt, zum Verdecken der Sonnenscheibe einst zu klein geworden sein wird. Unsere Nachkommen werden nur noch das sehr viel weniger faszinierende Spektakel einer teilweisen Sonnenfinsternis erleben, bei der es zwar dunkler wird, aber nicht vollkommene Nacht.

Der Mond im Schatten der Erde

Auch der Mond kann mit der Sonne und der Erde Verstecken spielen. Wenn bei Vollmond die Sonne, die Erde und der Mond genau auf einer Linie liegen und der Mond in den Schatten der Erde tritt, kommt es zu einer Mondfinsternis. Dabei gerät die Erde kurzzeitig in die Bahn des Sonnenlichts, das den Mond erhellt, und wir können sehen, wie der Erdschatten sich nach und nach den Mond einverleibt, bis er vollständig im Schatten unseres Planeten verschwindet. Das Ereignis einer Mondfinsternis ist zwar interessant, aber sehr viel weniger eindrucksvoll als das einer Sonnenfinsternis, und das aus mehreren Gründen. Erstens erleben wir nicht, wie mitten am Tag die Nacht aufzieht, da sich eine Mondfinsternis immer nur nachts ereignet. Zweitens können sehr viel mehr Menschen sie beobachten, nämlich alle Erdbewohner der nächtlichen Erdhälfte: Niemand muss extra reisen, um eine totale Mondfinsternis zu beobachten. Außerdem dauert die Mondfinsternis sehr viel länger: Anstelle der wenigen unvergesslichen Minuten einer totalen Sonnenfinsternis dauert eine totale Mondfinsternis ungefähr anderthalb Stunden – die Zeit, die der Mond benötigt, um den Erdschatten zu durchqueren. Und letztlich verschwindet der Mond bei einer totalen Finsternis nicht vollkommen. Er ist weiterhin schwach sichtbar, mit einem hellroten Schein, der durch eine Streuung des durch die Erdatmosphäre geröteten Sonnenlichts und dessen Ablenkung (das heißt auch »Streuung«) auf die Mondoberfläche entsteht. Die Rötung des Sonnenlichts entsteht durch feinste Staubpartikel in der Erdatmosphäre, dieselben, die auch die feuerroten Sonnenuntergänge verursachen.

Venus

Es ist eine halbe Stunde vergangen, seitdem die Sonne am Horizont verschwunden ist. Der Himmel wird noch von ihrem Dämmerschein erhellt, am Firmament zeigen sich erste leuchtende Punkte. Neben der Sichel des jungen Mondes erkenne ich die beiden Planeten Venus und Jupiter, die um die Wette funkeln. In der Abend- und der Morgendämmerung ist Venus nach Sonne und Mond der hellste Himmelskörper: Sie ist uns recht nahe und ihre Atmosphäre reflektiert viel Sonnenlicht. Neben Merkur, der Erde und Mars gehört die nach der römischen Liebesgöttin benannte Venus, wie bereits erwähnt, zu den kleinen Gesteinsplaneten mit fester Oberfläche – im Gegensatz zu den vier sehr viel größeren gasförmigen Planeten Jupiter, Saturn, Uranus und Neptun.

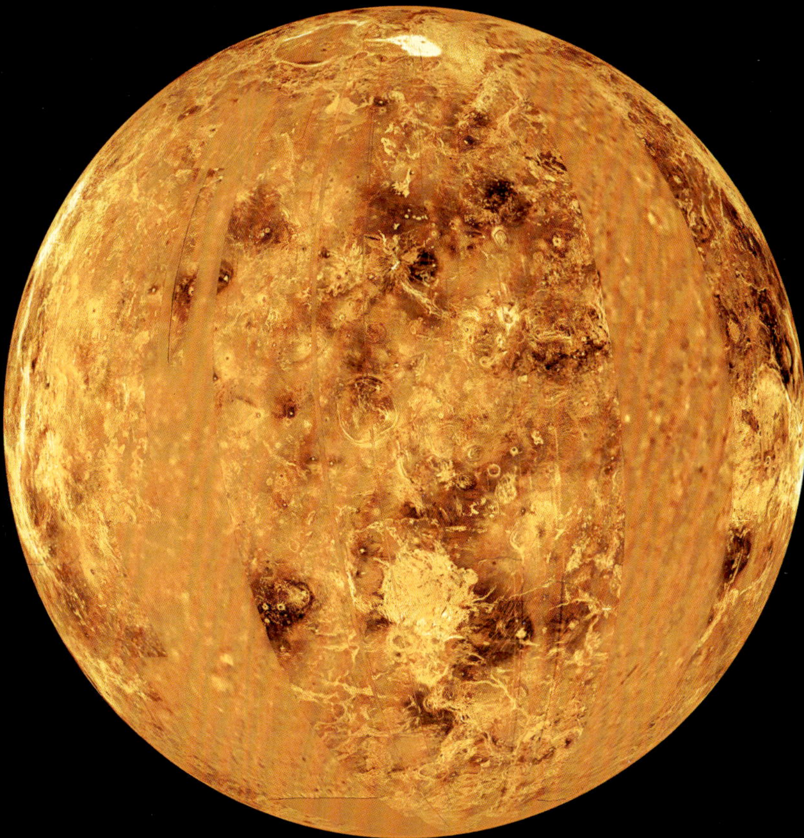

»Venus, die von der Raumsonde Magellan
mittels Radar kartografiert wurde,
besitzt eine brennend heiße Oberfläche,
auf der Ströme vulkanischer Lava fließen.«

»Wenn unser Satellit bei Neumond mit der Sonne und der Erde genau auf einer Geraden liegt, versperrt er dem Licht der Sonnenscheibe den Weg. Am helllichten Tag zieht die Nacht auf und am Himmel zeigen sich die Sterne. Die Vögel hören auf zu singen … Die ganze Natur hält den Atem an.«

Bis ins 17. Jahrhundert kannten unsere Vorfahren nur die sechs Planeten, die der Sonne am nächsten und mit bloßem Auge sichtbar waren. Uranus wurde erst 1781 und Neptun erst 1846 mithilfe des Teleskops entdeckt. Das Wort »Planet« bedeutet im Griechischen »umherirrender Stern« und wurde so gewählt, da diese Himmelsobjekte im Verhältnis zu den Sternen ihre Position verändern. Die Drehung der Erde um sich selbst verleiht allen Himmelskörpern – Planeten, Sternen und Galaxien – eine scheinbare Bewegung: Sie durchqueren den Himmel bei Nacht von Osten nach Westen. Aber während die Sterne im Verhältnis zueinander stoisch unbeweglich bleiben und unveränderliche Bilder in den Himmel zeichnen, bewegen sich die Planeten zwischen den gleichförmig von Westen nach Osten ziehenden Sternen hin und her. Dieser Unterschied bei der relativen Bewegungsrichtung zwischen Planeten und Sternen beruht auf einem Entfernungseffekt: Die Sterne sind sehr weit entfernt, ihre Bewegungen sind nicht wahrnehmbar, während die Bewegungen der sehr viel näheren Planeten große Amplituden zu haben scheinen.

Manchmal als »Morgenstern«, manchmal als »Abendstern« betritt Venus nach Sonnenuntergang die Bühne am westlichen Horizont oder vor Sonnenaufgang am östlichen Horizont. Genau wie bei Merkur glaubten unsere Ahnen, dass es sich um zwei unterschiedliche Himmelskörper handelte. Bei den Chinesen galt Venus als ein Paar: Der »Stern des Abends« stand dabei für den Mann, Tai-Po, und der »Morgenstern« für seine Frau, Nu Chien.

Die griechischen Astronomen wussten immerhin, dass es sich dabei um ein und denselben Himmelskörper handelte. Die meisten Kulturen setzen ihn mit der Göttin der Liebe in Verbindung (wahrscheinlich, weil Venus ungefähr neun Monate im Jahr sichtbar ist, so lange, wie eine

Thayaht, *Cirnos* ▸

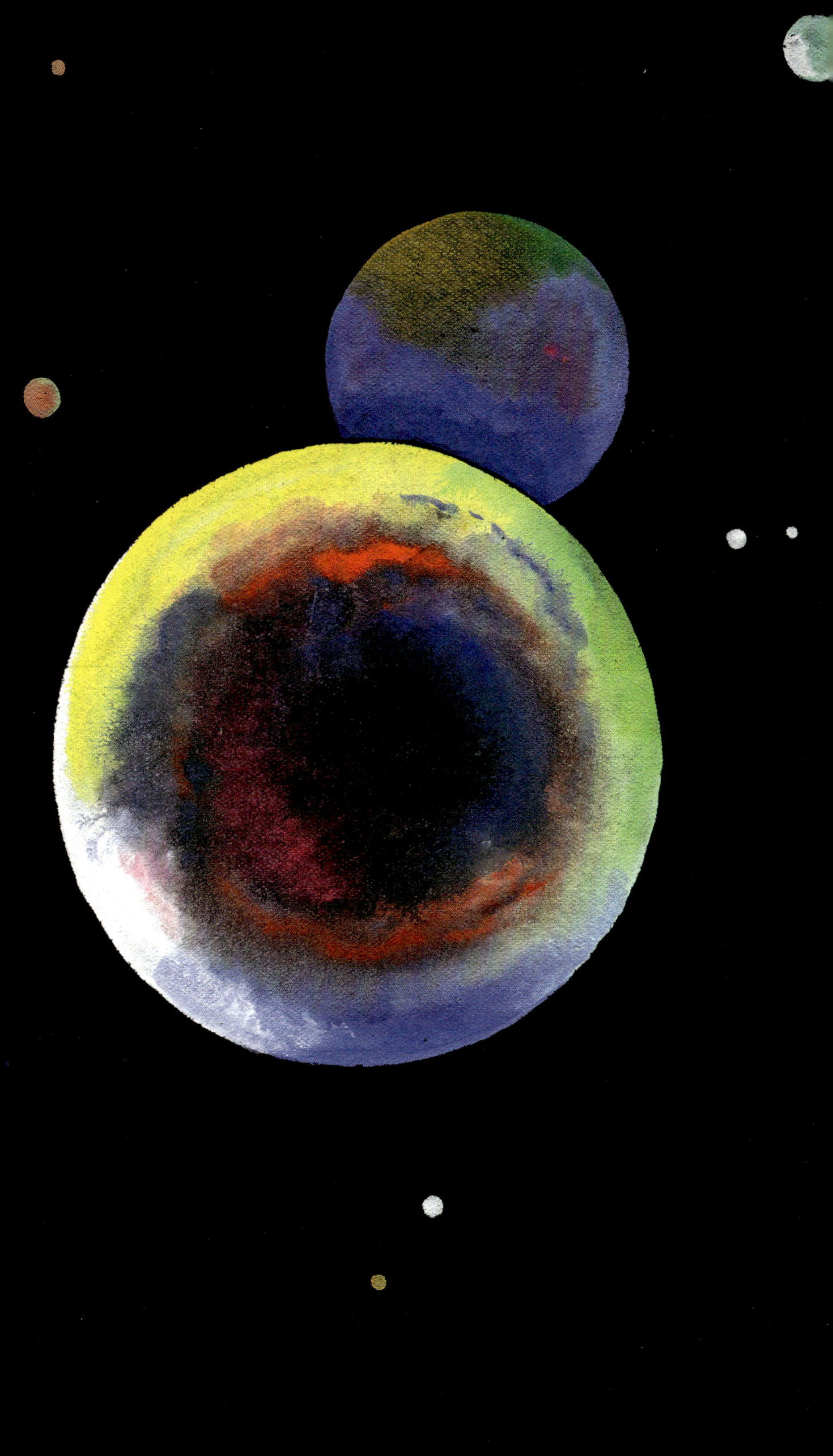

Schwangerschaft dauert), nur die Mayas und die Azteken sahen in ihm offenbar eine männlichen Figur, den Zwillingsbruder der Sonne.

Im Volksmund wird Venus auch der »Schäferstern« genannt, da sie sich in der Morgen- und der Abenddämmerung zeigt, also zu Zeiten, in denen die Schäfer ihre Herde zur Weide oder zurück nach Hause führen. Diese Bezeichnung ist nicht ganz korrekt: »Schäferplanet« müsste es heißen. Planeten unterscheiden sich grundlegend von Sternen, da jene dank der atomaren Alchemie in ihrem Kern ihr eigenes Licht erzeugen, während Planeten keine Energie erzeugen und nicht selbst leuchten können. Sie reflektieren lediglich das Licht ihres Muttersterns.

Auf den ersten Blick erscheint Venus als die Zwillingsschwester der Erde, mit ungefähr derselben Masse und Größe. Doch damit hören die Ähnlichkeiten schon auf.

Galilei

Als Galilei, der als junger Astronom an der Universität von Padua lehrte, 1610 in einer Winternacht sein Fernrohr auf den Jupiter richtet, entdeckt er vier Monde auf Umlaufbahnen um den Riesenplaneten, die heute als die »Galileischen Monde« bekannt sind. Mit seinem Fernrohr entdeckte der Astronom auch, dass Venus unterschiedliche Phasen durchlief, von der »Neu-Venus« über die Sichel und die »Halb-Venus« bis zur »Voll-Venus«. Diese Beobachtungen decken sich mit Kopernikus' Thesen von 1543, in denen er ein heliozentrisches System mit der Sonne im Zentrum vermutete. Die Entdeckung der Satelliten des Jupiter stand im Widerspruch zu der Annahme, die Erde stünde im Zentrum der Welt und alles drehe sich um sie. Die Phasen der Venus, die aus dem

Die Atmosphäre der Venus ist sehr viel dichter als die der Erde und besteht zu 96,5 % aus Kohlendioxid. Dieses Treibhausgas hält die Sonnenhitze und lässt die Temperatur an der Oberfläche bis auf 460 °C ansteigen, fast das Fünffache der Temperatur von kochendem Wasser. Venus ist folglich ein wahrer Hochofen, und alles Leben ist auf ihr unmöglich.

Jupiter, der Herr der Planeten

Der andere Planet, den ich am Himmel leuchten sehe, ist Jupiter, der seinem Renommee als oberster Gott und Herr des Olymps in der römischen Mythologie durchaus gerecht wird. Jupiter ist mit Abstand der größte und schwerste Planet: Er besitzt die 318-fache Masse der Erde

Spiel der Beleuchtung des Planeten durch die Sonne hervorgehen, ließen sich nur erklären, wenn sich Venus auf einer Umlaufbahn um die Sonne befand. Von seinen astronomischen Beobachtungen bestärkt, verkündete Galilei laut und deutlich, dass er der Hypothese eines heliozentrischen Universums anhing. Der Kirche ging das zu weit, sie stellte ihn vor das Inquisitionsgericht und zwang ihn 1633, seine Lehren öffentlich zu widerrufen. So kam es zur Trennung zwischen Wissenschaft und Religion. Erst 1992, dreieinhalb Jahrhunderte später, erkannte die Kirche in Person von Papst Johannes Paul II. formal ihre Fehler an. Wie Galilei richtig bemerkt hatte, kann die Kirche uns erklären, wie man in den Himmel kommt, doch nicht wie der Himmel sich bewegt.

»Der ›Große Rote Fleck‹ ist das größte Sturmgebiet des Sonnensystems. Dieser Antizyklon aus wirbelnden Gasmassen von gewaltigem Ausmaß ist seit mindestens anderthalb Jahrhunderten auf dem Jupiter zu beobachten und verliert nichts von seiner Kraft. Kein Hindernis kann ihn aufhalten, da es auf diesem Planeten keine Kontinente gibt.«

(aber nur ein Tausendstel der Masse der Sonne) und hat 2,5 Mal mehr Masse als alle anderen Planeten und Monde des Sonnensystems zusammen. Mit seinem Durchmesser, der elf Mal so groß ist wie bei der Erde, könnte er diese in sein riesiges Volumen ungefähr 1330 Mal aufnehmen.

Seine gewaltige Oberfläche reflektiert so viel Sonnenlicht, dass Jupiter nach der Sonne, dem Mond und Venus als das vierthellste Objekt am Himmel erstrahlt. Außerdem ist er der Planet im Sonnensystem, der sich trotz seiner gigantischen Größe am schnellsten um sich selbst dreht: in weniger als zehn Stunden und mit siebenundzwanzig Mal mehr Geschwindigkeit als unsere Erde. Die enorme Rotationsrate erzeugt riesige Fliehkräfte, die den Planeten am Äquator ausbauchen und Windböen von bis zu 400 Stundenkilometern verursachen.

Die Raumsonden haben herausgefunden, dass sich seine Atmosphäre voller Turbulenz und Raserei unaufhörlich bewegt und verändert.

Darin wütet das größte Sturmgebiet des Sonnensystems mit dem Namen »Großer Roter Fleck«. Das ovale Gebilde gleicht einem riesigen Auge, das in den Kosmos hinausschaut. Dieser außergewöhnliche Antizyklon besteht aus wirbelnden Gasmassen in Braun- und Orangetönen, die so strahlend leuchten wie die Farben eines impressionistischen Gemäldes. Seine Abmessungen würden ausreichen, um drei Erden darin zu verschlingen. Dieser riesige, zwischen Wolkenbändern gefangene Mahlstrom wütet seit mindestens anderthalb Jahrhunderten. Wie kann es sein, dass er nichts von seiner Kraft verliert? Auf der Erde entstehen Wirbelstürme über dem Ozean, dauern ein paar Tage an und schwächen sich ab, sobald sie auf festes Land treffen – zum großen Glück der Erdbewohner, die sich in ihrem Weg befinden. Auf dem Jupiter gibt es keine Kontinente. Hat sich dort erst einmal ein Wirbelsturm wie der »Große Rote Fleck« gebildet und wurde er ausreichend groß, dass kleinere Stürme ihn nicht mehr stören, dann gibt es für ihn kein Ende. Der Wirbel ist ein stabiler Bereich geworden, der von chaotischen Phänomenen erschaffen und in einer bestimmten Gegend gehalten wird.

Als gasförmiger Planet, der zu 98 % aus Kohlendioxid und Helium besteht, hat Jupiter keine feste Oberfläche. Wer auf Jupiter landet, würde wohl 60 000 Kilometer tief einsinken, bevor er auf den steinernen Kern trifft. Der Umgebungsdruck und die Temperatur steigen im Planeteninneren sehr schnell an, nichts und niemand könnte dort lange durchhalten. Den Beweis dafür brachte eine von der Raumsonde Galileo gestartete Tochtersonde, die im Dezember 1995 zu einem Selbstmordkommando in die Atmosphäre des Jupiter hineingelenkt wurde. Die Sonde überlebte ungefähr eine Stunde, bis in eine Tiefe von 150 Kilometern, und sendete noch wertvolle Informationen über die höheren atmosphärischen Schichten des Jupiter, bevor der übermäßige Druck in diesen Schichten sie zerstörte.

Schon führt die Nacht in den himmlischen Hag
Die Herde aus streunenden Sternen,
Und jagt auf Flucht vor dem grellen Tag
Ihre Rappen hinab in Kavernen.

Joachim du Bellay,
»Déjà la nuit en son parc amassait«, aus *L'Olive*

KLEINER EXKURS

Die Nacht ist auch die Zeit der Liebenden

Die Nacht ist für die Liebe gemacht. Sie versteckt, was nicht gesehen werden soll, und schärft unseren Tastsinn. Ihre Stille verlockt zu Flüstern, ihr Dunkel weckt das Verlangen, ihre Ruhe schürt die Lust auf Sturm. Sie spendet den Liebenden Mut, Trunkenheit und Feuer.

Marc Chagall, *Blaue Landschaft*

Komm, Nacht! – Komm, Romeo, du Tag in Nacht!
Denn du wirst ruhn auf Fittigen der Nacht,
Wie frischer Schnee auf eines Raben Rücken.
Komm, milde, liebevolle Nacht! Komm, gib
Mir meinen Romeo! Und stirbt er einst,
Nimm ihn, zerteil' in kleine Sterne ihn:
Er wird des Himmels Antlitz so verschönen,
Dass alle Welt sich in die Nacht verliebt
Und niemand mehr der eitlen Sonne huldigt.

William Shakespeare,
Romeo und Julia[6]

Pablo Picasso, *Die Umarmung*

Leila hatte mich gebeten,
Mittels eines Boten Brief
Ihren Garten zu betreten,
Wenn tiefnächtens alles schlief.
Ich geh hin, trotz Bangeswehe,
Und bin sehr darauf bedacht,
Dass kein Bösewicht mich sehe,
Der da ruhet oder wacht,
Diese Nacht, unsere Nacht,
Nichts und niemand soll sie stören ...

Nizami,
Leila und Madschnun[7]

Drei Zündhölzer, eins nach dem andern angezündet
in der Nacht
Das erste, um dein Gesicht im Ganzen zu sehen
Das zweite, um deine Augen zu sehen
Das letzte, um deinen Mund zu sehen
Und die ganze Dunkelheit, um mir dies alles zurück-
zurufen,
Wenn ich dich in meine Arme schließe.

Jacques Prévert,
Drei Zündhölzer[8]

Edvard Munch, *Der Kuss*

2

In der Tiefe der Nacht

Alles für die Nacht! So lautet meine Devise!
Man muss immer an die Nacht denken.

Louis-Ferdinand Céline,
Reise ans Ende der Nacht[9]

Nachdem ich mich an den schönen Farben des Sonnenuntergangs, der Pracht des Mondes und dem Glanz von Venus und Jupiter erfreut habe, kehre ich zurück in den Kontrollraum, um die Beobachtungsnacht vorzubereiten. Seit meinen wissenschaftlichen Anfängen 1970 hat sich die Astronomie auf beachtliche Weise weiterentwickelt. Unser Verständnis des Universums ist jetzt unendlich reicher und komplexer. Das gilt auch für die heutige Beobachtungstechnik. Das romantische Bild vom Astronomen, der im Dunkeln sein Auge ans Teleskop drückt, der vor Kälte schlottert und mit dem Schlaf ringt, hat sich grundlegend verändert. Dennoch ist es mir zu Beginn meiner Karriere noch genauso ergangen, und es war recht ungemütlich. Der Körper litt. Heute ist die Beobachtung des Himmels sehr viel komfortabler geworden. Man sitzt in einem gut geheizten und hell erleuchteten Raum, dessen Vorhänge sorgsam geschlossen sind, damit das Kunstlicht die Forschungsarbeit draußen nicht stört. Ein Tee oder ein heißer Kaffee steht bereit, um den Geist wachzuhalten.

Da sitze ich also im Beobachtungsraum und bereite mich, nur in Gesellschaft des Technikers, der das Teleskop bedient, auf meine Arbeitsnacht vor. Über ein Computerterminal kann ich alle Geräte kontrollieren. Mit dem Computer wähle ich auch das passende Beobachtungsinstrument, um in der kommenden Nacht Licht aus dem Kosmos einzufangen. Zur Verfügung habe ich eine elektronische Kamera, um Himmelsobjekte zu fotografieren und deren Farben und Morphologie zu untersuchen. »Ein Bild sagt mehr als tausend Worte«, sagte Konfuzius. Ebenso kann ich das Licht mit einem Spektroskop zerlegen, das die chemische Zusammensetzung und die Bewegungen der Himmelskörper analysiert. Alle nötigen Informationen zur Durchführung meiner Forschungsvorhaben werden auf mehreren Reihen von Kontrollbildschirmen angezeigt: die Koordinaten eines Objekts im Himmel, die Transparenz und Feuchtigkeit der Luft, die Partikeldichte in der Atmosphäre, die Windgeschwindigkeit, die Parameter des jeweils genutzten elektrischen Messgeräts usw. Sobald das Teleskop auf einen Himmelskörper gerichtet ist, erscheint dieser dank einiger elektronischer Magie in all seiner Schönheit auf dem Fernsehbildschirm direkt vor mir. Obwohl ich schon seit mehreren Jahrzehnten in Sternwarten arbeite, verzaubert mich die Schönheit des Kosmos doch immer wieder. Mein Herz schlägt schneller beim Anblick der Spiralarme einer Galaxie oder der Wolkenstrukturen einer stellaren Kinderstube – in der neue, sehr massereiche Sterne geboren werden – oder des Bildes eines Kugelsternhaufens, in dem die Gravitationskraft einige Millionen Sterne zusammenhält. Ich fühle mich wie in Osmose mit dem Universum, von ihm getragen. Das Licht, das ich jetzt in meinem Teleskop sehe, ist vor Millionen oder sogar Milliarden Jahren ausgesandt worden, noch lange bevor einige Atome meines Körpers durch Kernfusion im Inneren eines Sterns gebildet wurden. Wenn ich Himmelskörper in ihrer sehr fernen Vergangenheit sehe, überkommt mich immer ein Gefühl von Unwirklichkeit. Einige dieser Objekte gibt es vielleicht schon gar nicht mehr, aber die Nachricht ihres Todes wird die Erde erst erreichen, wenn auch ich schon lange verschwunden bin.

Lichtspektren

In der kommenden Nacht werde ich, genau wie in meinem Projektantrag bei der NASA beschrieben, einige Blaue kompakte Zwerggalaxien mit dem Infrarotspektrometer untersuchen. Mit diesem Instrument werde ich ihr infrarotes Licht in seine verschiedenen Energiebestandteile zerlegen. Das derart zerlegte Licht bildet ein Spektrum, das sich in der Folge mit einem elektronischen Sensor aufzeichnen lässt. Im Vorfeld meiner Reise nach Hawaii habe ich in einer Datei sorgfältig die Koordinaten all der Himmelskörper aufgelistet, die ich beobachten möchte. Diese Vorbereitung ist ratsam, da in über 4000 Metern Höhe das menschliche Gehirn auch nach einem Tag Eingewöhnungszeit nicht immer ganz normal funktioniert. Durch den Sauerstoffmangel verlangsamen sich einige geistige Prozesse und schränken Gedächtnis, Reaktionszeit, Wachsamkeit und logisches Denkvermögen ein. Besser, man hat alles im Vorhinein gut geplant, da selbst eine einfache Addition oder Subtraktion im Kopf misslingen kann.

Bei der Beobachtung des Himmels treten zwar Bildschirme als Filter zwischen den Himmel und seine Be-

»Mein Herz schlägt schneller beim Anblick der Spiralarme einer Galaxie. Ich fühle mich wie in Osmose mit dem Universum, von ihm getragen.«

Die Spiralgalaxie Messier 101, in 21 Millionen Lichtjahren Entfernung, vom Weltraumteleskop Hubble fotografiert

trachter. Dafür werden die Beobachtungen aber sehr viel präziser und effizienter.

Und auch der größere Komfort hilft dabei, den Verlust des direkten Kontakts zum Nachthimmel bereitwilliger hinzunehmen. Dennoch verspüre ich oft den Wunsch, das herrliche Himmelsgewölbe, wie es sich hier auf dem Vulkangipfel zeigt, direkt zu betrachten. Im Laufe der Nacht, während das Teleskop, von Computern geführt, unermüdlich das Licht meiner Blauen kompakten Zwerggalaxien einsammelt, genehmige ich mir einige Momente Auszeit, verlasse das Gebäude, in dem das Teleskop untergebracht ist, und stelle mich direkt unter den nächtlichen Himmel, um in Einklang und Austausch mit der Nacht zu kommen.

Zenit

Es ist nun vollkommen dunkel geworden. Die Sonne befindet sich tiefer als 18 Grad unter der Horizontlinie. Die Beobachtung kann beginnen. Ich wähle von meiner vorbereiteten Liste das erste Himmelsobjekt aus, die erste Blaue kompakte Galaxie. Aufgrund der Erdrotation ziehen die Objekte über den Himmel, gehen im Osten auf und im Westen wieder unter. Ich werde versuchen, jedes Objekt dann zu beobachten, wenn es im Zenit über mir steht, damit möglichst wenig von seinem Licht durch die Erdatmosphäre absorbiert wird. Dazu spreche ich mich mit dem Teleskop-Techniker neben mir ab, nenne ihm den Namen der jeweiligen Galaxie von meiner vorbereiteten Liste und lasse ihn das Teleskop dorthin ausrichten. Der Techniker ist verantwortlich für den Betrieb des Teleskops und aller sonstigen elektrischen Messinstrumente. Er wird mich auch in den kommenden Nächten bei meiner Arbeit unterstützen. So prüft er ständig die aktuelle Wetterlage anhand der Angaben auf den Bildschirmen und gelegentlich durch einen Blick in den Nachthimmel draußen. In seiner Verantwortung liegt es auch, die Schutzkuppel des Teleskops bei schlechtem Wetter zu schließen – bei Wolken, Regen, Schnee, Windböen, kurzum allem, was das Teleskop beschädigen könnte. Ich verantworte hingegen das wissenschaftliche Programm, überprüfe, dass bei jeder neuen Teleskopeinstellung auch das richtige Objekt erfasst wird, wofür ich das Bild auf meinem Bildschirm mit Fotos aus den Archiven abgleiche, die andere Teleskope von den Objekten gemacht haben. Dann entscheide ich, wie lange das Teleskop in dieser Position verharren soll, und analysiere die gesammelten Daten schon einmal so weit, dass klar wird, ob alle Geräte fehlerfrei funktionieren und die Datenqualität ausreichend ist. Beim ersten Blick in die Daten bin ich immer ein wenig nervös, denn wer weiß, welches Geheimnis des Universums sie vielleicht preisgeben?

Das Teleskop ist jetzt auf die erste Galaxie ausgerichtet. Die geplante Aufnahmezeit beträgt eine Stunde. Diese Dauer bemisst sich jeweils nach der Lichtstärke des Himmelskörpers. Je schwächer ein Objekt leuchtet, umso länger muss das Teleskop darauf ausgerichtet bleiben und sein Licht einsammeln. Ich mummle mich in meinen Parka ein und nutze die Gelegenheit für einen Gang nach draußen. Der Mond und die Planeten sind unter dem Horizont verschwunden. Doch trotz ihrer Abwesenheit ist die Dunkelheit der Nacht, anders als beispielsweise in einer Grotte, nicht vollkommen. Das Licht stammt von anderen Quellen: in erster Linie von den Sternen. Ich hebe den Blick und lasse mich von den unzähligen Lichtpunkten

»Kometen sind Asteroiden, die der Sonne zu nah gekommen sind. Das Eis in ihrem Inneren schmilzt und lässt Schweife aus Gas und Staub entstehen, die sich über Millionen von Kilometern ziehen.«

dort oben überwältigen, dieser »dunklen Helle, die von den Sternen fällt«, um es mit Corneille zu sagen.

Hinzu kommt das Zodiakallicht: Sonnenlicht, das von zahllosen Staubpartikeln in der Zone des Zodiaks reflektiert wird, in der die Planeten um die Sonne kreisen. Die Staubkörner stammen von einstigen Kometen, die von der Hitze der Sonne zerstört wurden, oder aus Zusammenstößen von Gesteinskörpern im Asteroidengürtel zwischen Mars und Jupiter.

Feuerstreifen am Himmel

Für den Bruchteil einer Sekunde sehe ich ein helles Objekt über den Nachthimmel ziehen, gefolgt von einem Feuerstreifen, das gleich wieder im Dunkeln verschwindet. Im Volksmund wird dieses Phänomen »Sternschnuppe« genannt. Tatsächlich stammt der Feuerstreifen jedoch nicht von einem Stern, sondern einem sehr kleinen Festkörper, einem Meteor von der Größe eines Staubkorns, der sich mit sehr großer Geschwindigkeit bewegt – mit Dutzenden Kilometern pro Sekunde – und einen Lichtschweif bildet, da seine Reibung mit den Luftmolekülen der Erdatmosphäre ihn aufheizt und verbrennen lässt. Meteore (wie der soeben mit Freude gesehene) sind in den meisten Fällen Überbleibsel der verglühten Kerne einstiger Kometen. Nachdem die Trümmer eine Zeit lang zusammengeblieben sind, verteilen sie sich über die gesamte Umlaufbahn des Kometen. Kreuzt die Erde dessen Umlaufbahn, bietet sich uns in einem bestimmten Bereich des Himmels jedes Jahr zur selben Zeit ein beeindruckendes Spektakel, ein sogenannter »Meteoritenregen«, bei dem unzählige brennende Kometenreste fast zeitgleich in die Erdatmo-

◂ Der Komet Hale-Bopp

sphäre eintreten. So können wir uns Mitte August auf dem Land (bzw. in einer Gegend mit nur wenig Lichtverschmutzung) am wunderbaren Schauspiel der »Perseiden« erfreuen, einem Meteoritenregen, der sich auf das Sternbild des Perseus zubewegt. Die »Sternschnuppen« folgen dort so schnell aufeinander, dass wir fast jede Minute eine sehen können – am 12. August ist ihre Anzahl am größten.

Niederschlag aus dem All

Doch was passiert, wenn Gesteinsbrocken die Umlaufbahn der Erde kreuzen, die gemeinhin als »Asteroiden« bezeichnet werden und sehr viel größer und schwerer sind als Kometenstaub? Man muss wissen, dass unser Planet tagtäglich Staub und Steine mit ungefähr 300 Tonnen Gewicht als Niederschlag aus dem All abbekommt. Bis zu Beginn des 19. Jahrhunderts empfanden die Wissenschaftler in ihren Schriften die Idee von Steinen, die aus dem All herunterfallen, als abwegig. 1803 kam das Gerücht auf, ein Steinregen wäre über dem Dorf L'Aigle im Département Orne niedergegangen. Die sehr ehrwürdige Pariser Akademie der Wissenschaften ließ die Geschehnisse von dem Physiker Jean-Baptiste Biot (1774–1862) vor Ort untersuchen. Dieser analysierte Hunderte Gesteinsfragmente, die in einem Umkreis von zig Quadratkilometern verstreut lagen, hörte sich die Berichte ortsansässiger Bauern an, kurzum analysierte das Phänomen mit der nötigen wissenschaftlichen Strenge und kam ein für alle Mal zu dem Schluss, dass »Steine vom Himmel gefallen waren«. Sind diese für uns gefährlich? Müssen wir die Warnung von Majestix ernst nehmen, wenn der Chef des gallischen Dorfes von Asterix sagt: »Beim Teutates, der Himmel wird uns auf den Kopf fallen«? Glücklicherweise ist die Erdatmosphäre ein guter Schutzschild gegen fast alle Meteore. Sobald sie in die Atmosphäre eintreten, setzt Luftreibung ein, die sie brutal bremst, sodass die meisten in kleinere Partikel zerlegt werden, die anschließend verglühen. Ihre Flugbahnen erscheinen am nächtlichen Himmel wie beschrieben als Feuerstreifen. Doch was geschieht mit Asteroiden, die zu groß und zu schwer sind, um in der Erdatmosphäre vollständig zu verglühen? Ist Majestix' Furcht vor dem herabfallenden Himmel nicht doch berechtigt?

Stumme Zeugen

Vor 4,55 Milliarden Jahren, als unser Sonnensystem sich bildete, war die Anzahl der Asteroiden sehr groß. Etwa 55 Millionen Jahre später vereinigten sich die meisten dieser »Planetesimale« genannten Asteroiden unter Einfluss der Schwerkraft zu den acht Planeten. Doch in den Planeten-Zwischenräumen kreist immer noch eine Vielzahl von Asteroiden, die mit einer Geschwindigkeit von Dutzenden Kilometern pro Sekunde durchs All rasen. Immer wieder kommt es vor, dass diese Asteroiden mit den Planeten und ihren jüngst gebildeten Satelliten kollidieren und als mächtige »Faktoren des Zufalls« die Gegebenheiten neu gestalten. Die Krater auf den abgewandten Seiten des Merkur und des Mondes sind stumme Zeugen der schweren Einschläge aus früheren Zeiten. Einige solcher hochgefährlichen Zusammentreffen haben unser Sonnensystem tief greifend geprägt. Die Achsneigung unserer Erde von 23,5° verdanken wir sehr wahrscheinlich auch dem Zusammenstoß mit einem Asteroiden. Eine ähnliche Kollision wird ein großes Stück aus der Erdkruste herausgerissen haben, das später den Mond bildete. Und nicht nur unser Planet zeigt die Folgen solcher Zusammenstöße mit Asteroiden. Bei Venus haben sie die Richtung der Rotation umgedreht – dort geht die Sonne im Westen auf – und sie haben Uranus so weit gekippt, sodass er heute auf der Seite liegt.

Asteroidenvorkommen

Vor ungefähr vier Milliarden Jahren nahm die Anzahl der vagabundierenden Asteroiden beträchtlich ab. Einige waren von der Sonne verschluckt oder aus dem Sonnensystem herausgeschleudert worden, und damit sank auch die Gefahr für unseren Planeten, durch einen Asteroiden, der die Umlaufbahn der Erde kreuzt, getroffen zu werden. Die meiste Zeit halten sich die Asteroiden in drei Bereichen auf: zum einen im Asteroidengürtel zwischen Mars und Jupiter, dem »Kuipergürtel« (benannt nach dem holländisch-amerikanischen Astronomen Gerard Kuiper, der 1951 das Postulat seiner Existenz aufstellte), zum anderen außerhalb der bekannten Grenzen des Sonnensystems, in einer Entfernung von 30 bis 55 Mal der Strecke zwischen Sonne und Erde, dessen berühmtester Vertreter Pluto ist.

Und zuletzt in der »Oortschen Kometenwolke« (benannt nach dem holländischen Astronomen Jan Oort, der sie 1950 entdeckte), in einer Entfernung von 5000 bis 100 000 Mal der Strecke zwischen Sonne und Erde. Ihr äußerster Bereich erstreckt sich weit genug, um ein Drittel der Distanz zwischen der Erde und dem der Sonne nächstgelegenen Stern zu erreichen, also Proxima Centauri in 4,3 Lichtjahren Entfernung.

Georges Braque, Illustration zu René Chars ▸
Lettera amorosa (Liebesbrief)

Kometenwolken

Warum bezeichnen wir Asteroidenvorkommen als »Kometenwolken«? Das liegt daran, dass die Asteroiden aus Stein und Eis, gleich einer Raupe, die zum Schmetterling wird, sich in Kometen verwandeln, sobald sie der Sonne zu nahe kommen und sich erwärmen.

Von Zeit zu Zeit wird ein Asteroid durch das Gravitationsfeld eines benachbarten Sterns oder Asteroiden angestupst und so aus seinem Feld ins Innere des Sonnen-

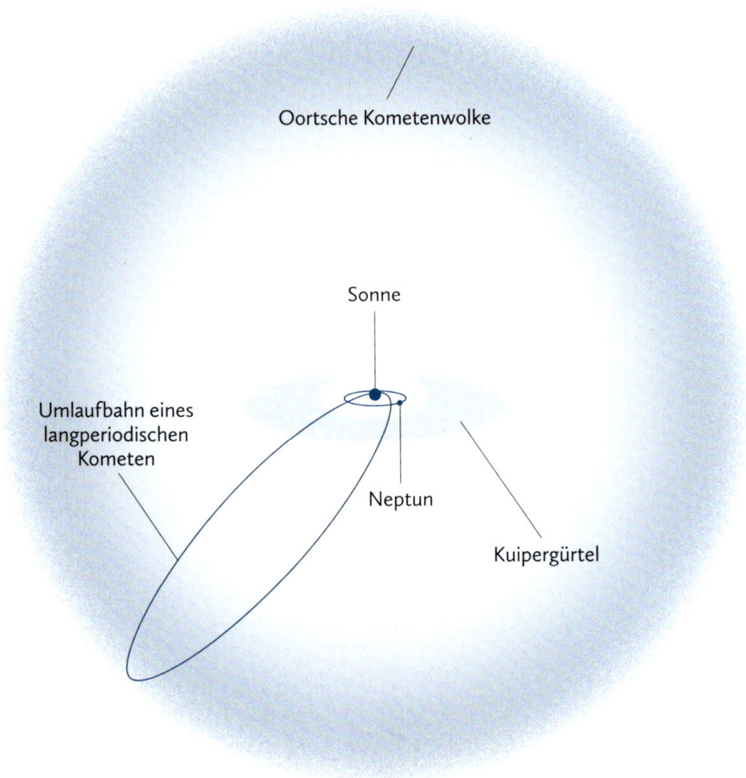

Zwei Kometenvorkommen: die kugelförmige Oortsche Kometenwolke und der flache Kuipergürtel.

systems geschleudert, wo die Erde unermüdlich ihre jährliche Bahn um die Sonne zieht. Sobald der Asteroid unserem Stern näher kommt, verdampft in der Sonnenwärme sein Eis und es entstehen die spektakulären Schweife aus Gas und Staub, die sich über Hunderte Millionen Kilometer ziehen und an wehende Haare im Wind erinnern. Das Wort »Komet« stammt übrigens vom griechischen *kome* ab, das »Haar« bedeutet.

Kometen wurden über lange Zeit, bevor ihre physikalische Funktionsweise erforscht war, als »Vorzeichen« tief

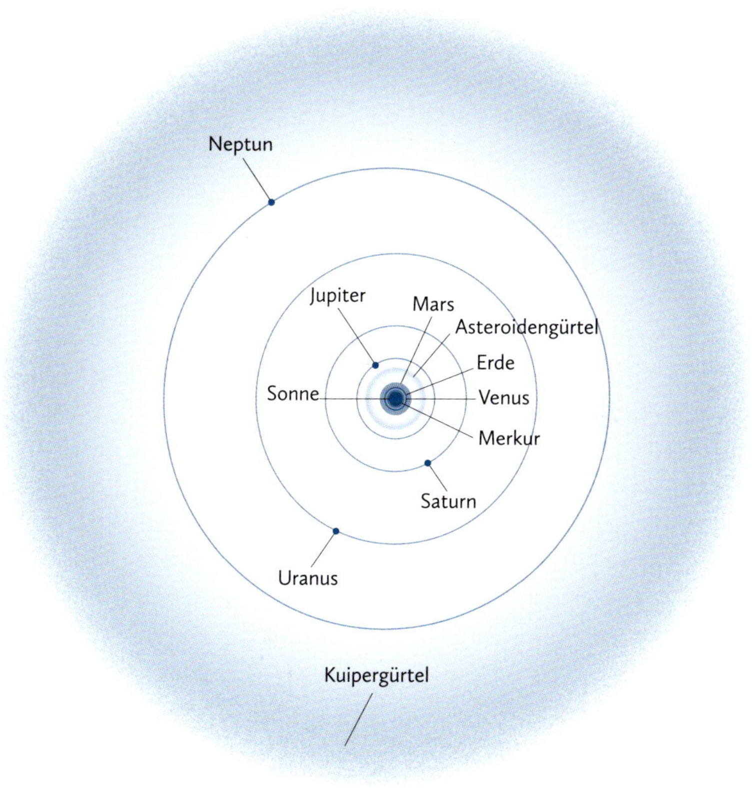

Der Asteroidengürtel befindet sich zwischen Mars und Jupiter.

greifender Veränderungen gesehen. In der indischen Mythologie geht die letzte Inkarnation des Gottes Vishnu auf Erden, die den Namen Kalki trägt, mit dem Auftauchen eines Kometen einher: »Kalki wird als Reiter auf einem Pferd erscheinen, mit einem Schwert in der Hand, und wird als großer Komet den Himmel durchqueren. Er wird das Goldene Zeitalter zurückbringen und die Erde zerstören.« Auf dem Teppich von Bayeux sieht man den Halley'schen Kometen, der 1066 an der Erde vorbeiflog, genau als der Teppich gewebt wurde; dieser gilt als Ankündigung für die Invasion Englands durch Wilhelm den Eroberer. Die Azteken und die Inkas erwähnen ebenfalls einen Kometen, der der Ankunft der Spanier und dem Niedergang ihrer Reiche voranging. Die Vorahnung großer Veränderungen, diesmal unter guten Vorzeichen, fand sich auch bei dem italienischen Maler Giotto (1266–1337), der in seinem Weihnachtsgemälde *Anbetung der Heiligen Drei Könige* ebenfalls den Halley'schen Kometen abbildet, diesmal kurz nach dessen Vorbeiflug von 1301.

Es sind mindestens hundert Kometen bekannt, die in regelmäßigen Abständen in die Umlaufbahn des Raumschiffs Erde geraten. Wir wissen auch von Tausenden Asteroiden, die Gravitationskräfte aus ihren Feldern herausgeschleudert haben und deren Umlaufbahn nun die Erde kreuzt. Ein Zusammenstoß zwischen unserem Planeten und einem Kometen oder Asteroiden ist also durchaus möglich. Doch müssen wir uns deshalb ängstigen? Wir haben gesehen, dass die Erdatmosphäre ein starker Schild ist, der uns schützt. Die große Mehrheit der Meteore (98 %) – all jene mit einem Durchmesser unter 10 Metern – verglüht auf dem Weg und erreicht selten den Boden. Und selbst wenn sie so weit kommen, sind die Schäden nur gering. Allenfalls wird ein Autodach eingedellt oder ein Briefkasten zerstört. Also nichts Weltbewegendes. Die Erdbewohner werden die vom Himmel gefallenen Objekte dann als angekohlte Steinsplitter finden und sie »Meteoriten« nennen. Die stellen sie dann in Museen aus oder untersuchen sie in Laboren, um ihnen Information über die Anfänge des Sonnensystems zu entlocken.

Der Meteor Crater

Anders verhält es sich bei den restlichen 2 % der Asteroiden. Sie sind größer, massiver und können sehr viel schlimmeren Schaden anrichten. Stellen wir uns vor, ein Meteor von der Größe eines Hauses rast direkt auf die Erde zu. Dies war der Fall bei einem riesigen Eisenmeteoriten mit 200 000 Tonnen Gewicht und 50 Metern Durchmesser, der vor 50 000 Jahren in der nordamerikanischen Arizona-Wüste zu Boden ging, dort die gewaltige Energiemenge von 15 Megatonnen freisetzte, die tausendfache Kraft der Hiroshimabombe, und einen enormen Krater von 1,2 Kilometern Durchmesser in die Erdkruste schlug, den Meteor Crater.

Können wir ruhig schlafen, wenn solche Gefahren über uns am Himmel lauern? Die Statistiken bejahen dies. Zu einem Zusammenstoß mit einem Eisenmeteoriten von solchem Ausmaß kommt es im Durchschnitt nur alle zehntausend, wenn nicht hunderttausend Jahre. Zudem fiele ein Asteroid aller Wahrscheinlichkeit nach in einen der Ozeane, die zusammen drei Viertel der Oberfläche unseres Blauen Planeten bedecken. Zwar würde der Aufprall eine riesige Flutwelle auslösen, doch der Großteil der Landmassen bliebe verschont. Und selbst wenn der Asteroid unglücklicherweise auf besiedeltes Gebiet fiele, blie-

Wassily Kandinsky, *Skizze für Einige Kreise* ▸

ben die Auswirkungen örtlich beschränkt und würden sich nicht über einen Radius von einigen Dutzend Kilometern ausweiten: 99,999 Prozent der Weltbevölkerung wären von dem Ereignis nicht betroffen.

Die lange Winternacht und das Verschwinden der Dinosaurier

Ganz anders verhält es sich bei der – sehr viel selteneren – Kollision mit einem Meteoriten in der Größe einer Bergkette, also von mehreren Dutzenden Kilometern Durchmesser. Anders als bei kleineren Asteroiden mit lokal begrenzten Auswirkungen können diese die ganze Erde in Mitleidenschaft ziehen und die Mehrheit aller lebenden Arten auslöschen. Ein Asteroid dieser Größenordnung hat zum Verschwinden der Dinosaurier geführt, die vor 165 Millionen Jahren die Erde beherrschten. Unsere direkten Vorfahren, die Säugetiere, versteckten sich so gut es ging in kleinen Nischen, um der Gefräßigkeit von Tyrannosauriern und anderen fleischfressenden Monstern zu entgehen. Dann krachte vor etwa 65 Millionen Jahren ein gigantischer Asteroid von ca. 10 Kilometern Durchmesser und 10 000 Milliarden Tonnen mit dem Tempo einer Gewehrkugel auf die Erde – nahe der Halbinsel Yucatán, zwischen dem Golf von Mexiko und dem Karibischen Meer. Der schwere Aufprall hatte die Explosivkraft einer Milliarde Megatonnen TNT, das heißt ungefähr eine Million Mal so viel wie alle Atomwaffen des Planeten zusammengenommen. Eine mehrere Hundert Meter hohe Flutwelle überrollte die Karibik und verwüstete Kuba, Florida und die mexikanische Küste. Die beispiellose Kraft des Einschlags schleuderte auch über 100 000 Milliarden Tonnen verdampftes Gestein in die höheren Atmosphärenschichten. Zum größten Teil fiel dieses nahe der Einschlagstelle wieder herunter, aber einige Zehntausend Milliarden Tonnen (ungefähr 1 %) blieben über Monate als feiner Staub in der Luft. Dazu kam die Asche der unzähligen Waldbrände, die der Aufprall ausgelöst hatte. Der Wind verteilte Staub und Asche über den ganzen Globus, und es bildete sich ein dichter schwarzer Schleier, der die Sonnenwärme von der Erde abhielt. Eine lange, sich über mehrere Jahre erstreckende Winternacht überkam die Erde. Die Fotosynthese, die Pflanzen und Bäume ernährte, funktionierte nicht mehr. Die Nahrungskette wurde über einen langen Zeitraum unterbrochen. Die Folgen für Fauna und Flora waren verheerend: Zwischen 30 % und 80 % der Pflanzenarten verschwanden vom Planeten und in deren Folge drei Viertel der Tierarten, inklusive der Dinosaurier, die nichts mehr zu fressen fanden. Die Saurier wurden also nicht direkt durch den Einschlag des Asteroiden ausgelöscht, sondern sie verhungerten. Das Unglück der einen ist das Glück der anderen: Unsere Vorfahren, die Säugetiere, ernährten sich von Körnern, die in der Erde steckten, und überlebten das Massensterben. Da ihre gefährlichsten Jäger nun verschwunden waren, konnten sie sich stark vermehren und zahlreiche Unterfamilien bilden, von denen sich eine zum Homo sapiens entwickelte. Wir können also sagen, dass wir unser Dasein einem tödlichen Asteroiden und einer langen winterlichen Nacht verdanken.

Laut Untersuchungen von Fossilien, sagen uns die Paläontologen, hat es neben dem Einschlag, der die Dinosaurier ausgelöscht hat, im Laufe der letzten 250 Millionen Jahre sechs weitere Massensterben gegeben, durchschnittlich im Abstand von 40 Millionen Jahren und wahrscheinlich allesamt von Meteoriten ausgelöst. Die Häufigkeit der Einschläge auf der Erde scheint diese Vermutung zu erhärten, da die Erde etwa alle 50 Millionen Jahre von einem über 12 Kilometer Durchmesser großen Asteroiden getroffen wird.

Zufällige Zusammenstöße

Was tun, wenn wir eines Tages erfahren, dass ein Asteroid direkt auf unseren Planeten zurast? Erreicht uns die Warnung früh genug, bleiben der Menschheit mehrere Jahrzehnte, um zu reagieren. Wir können also versuchen, die mörderische Feuerkugel umzuleiten oder mit einer Atomwaffe zu zerstören. Aber Vorsicht! Das erhöht nur die Gefahr, da anstelle des einen Asteroiden seine zersprengten Fragmente als Tausende Meteoriten direkt auf die Erde zufliegen würden!

Die Geschichte der Dinosaurier zeigt uns, dass Asteroiden als mächtige Faktoren des Zufalls wirken. Sie haben nicht nur die Eigenschaften des Planeten radikal verändert, sondern der Evolution des Lebens auf der Erde immer wieder eine neue Richtung gegeben. Die vollkommen zufälligen und unvorhersehbaren Ereignisse im Himmel können unser alltägliches Dasein also stark beeinflussen. Im Gegensatz zu den seit den ersten Momenten des Universums feststehenden physikalischen Gesetzen werden diese Ereignisse nicht durch Notwendigkeiten bestimmt, sondern durch zufällige Ereignisse. Auf allen Ebenen besteht die Wirklichkeit aus dem Zusammenspiel von Vorbestimmtheit und Kontingenz.

Sternbilder, die Kalender von einst

In einer mondlosen Nacht kann das Auge am ganzen Himmel 6000 Sterne wahrnehmen; hier auf dem Mauna Kea sind ungefähr 2500 in meinem Blickfeld. Meine Augen werden ganz von selbst von den hellsten angezogen. Fast instinktiv verbinde ich sie untereinander mit unsichtbaren Linien – ich zeichne Figuren in den Himmel. Es ist ein zutiefst menschliches Bedürfnis, Ordnung ins Himmelspanorama bringen zu wollen; dieses Bestreben gibt es schon, seitdem sich die Menschen der sie umgebenden Welt bewusst geworden sind. Quer durch alle Epochen und Kulturen haben sie stets ihre eigenen Träumereien, Sehnsüchte und Wünsche in den Himmel projiziert. Die frühen Menschen haben sehr bald herausgefunden, dass die Vorgänge im Himmel ihnen Regelmäßigkeit und tröstende Beständigkeit bieten. Die unaufhaltsame Bewegung der Sonne durch den Himmel am Tag, der Mond, der regelmäßig im Monatsrhythmus sein Aussehen verändert, die Jahreszeiten, die sich unabänderlich von Jahr zu Jahr abwechseln, die Rückkehr der Sonne nach einer vollkommenen Sonnenfinsternis: Diese makellose Regelmäßigkeit des Himmels wirkt angesichts von Ungewissheiten beruhigend. Die frühen Menschen sahen in dieser Konstante des Himmels auch das Versprechen für die Unsterblichkeit seines Geistes.

Großer Bär und Großer Wagen

Das Augenfälligste im Jahresverlauf ist das Hervortreten bestimmter Sterngruppen, der sogenannten »Konstellationen« – der Sternbilder. Ich schaue hinauf zum Großen

Bären, dessen Name daran erinnert, dass in der griechischen Mythologie Kallisto von Hera in einen Bären verwandelt wurde. Die Formen, die wir im Himmel sehen, verraten viel über unsere Vorstellungswelt, unsere Art zu leben und zu denken. Anstelle eines Bären sehen die Engländer einen Pflug. Für die Einwohner Nordamerikas ist es eine große Schöpfkelle. Die Chinesen, die schon lange an eine omnipräsente Bürokratie gewöhnt sind, stellen sich einen himmlischen Amtsschreiber auf einer Wolke vor, der die Bittschriften der Bürger entgegennimmt. Für die Ägypter ist es ein seltsames Gespann aus einem Stier, einem liegenden Gott und einem Nilpferd, das auf dem Rücken ein Krokodil trägt. Die Einwohner des mittelalterlichen Europa hingegen sahen einen Wagen darin. Im deutschsprachigen Raum ist das heute noch so. Der Große Wagen als Teil des Großen Bären ist uns auf der Nordhalbkugel zweifellos das vertrauteste Sternbild, da es in unseren Breitengraden jahrein, jahraus und die ganze Nacht hindurch sichtbar ist.

Die sieben Sterne, die den Großen Wagen bilden, gehören zu den hellsten im Himmel (eigentlich sind es mehr als sieben, doch die anderen sind mit bloßem Auge nicht zu sehen).

Meine Aufmerksamkeit wandert nun hinüber zum Nordstern oder auch Polarstern, der in der fünffachen Verlängerung der beiden hellsten Sterne des Großen Wagens (sie bilden die hintere Wagenwand) zu finden ist und zu einem anderen Sternbild gehört, dem Kleinen Bären oder auch Kleinen Wagen. Seit Menschengedenken weist der Polarstern Reisenden den Weg, da er von allen Lichtpunkten im Himmel der einzige ist, der sich trotz der Erdrotation nicht bewegt. Grund dafür ist, dass die Erdachse in seine Richtung zeigt. Mein Blick wandert weiter, am Jä-

◂ Sternfeld im Zentrum der Milchstraße, 27 000 Lichtjahre von der Erde entfernt, fotografiert vom Weltraumteleskop Hubble

ger Orion vorbei, der jedes Jahr im Oktober und März besonders hell zu sehen ist. Das Sternbild hat vier Sterne als Eckpunkte und ist in der Mitte durch drei Sterne diagonal geteilt, die den Gürtel des Jägers darstellen. Orion ist ein griechischer Sagenheld, der unter anderem dafür bekannt ist, den hübschen Plejaden nachzustellen, den sieben Töchtern des Riesen Atlas. Um sie vor Orion in Sicherheit zu bringen, mischten die Götter sie unter die Sterne am Himmel; in jeder Winternacht können wir sehen, wie Orion die Plejaden verfolgt – einen recht jungen Sternhaufen, von dem die sieben hellsten Sterne die sieben Schwestern darstellen.

Auch unsere Vorfahren haben das Himmelsgewölbe genau beobachtet, und das aus guten Gründen: Neben dem Polarstern, der ihnen den Norden anzeigte, nutzten sie die Sternbilder, die sich ja im Jahreslauf der Erde um die Sonne verändern, als Kalender. Für das Wohlbefinden und Überleben der frühen Menschen war es also wichtig, die Vorgänge am Himmel und die Beziehungen zwischen Himmel und Erde zu kennen: Nur zu bestimmten Zeiten im Jahr kommt es zu den großen Migrationsbewegungen von Gazellen und Antilopen, die die Jagdsaison einläuten. Und die Anfänge des Landbaus erhöhten noch die Notwendigkeit, den Himmel zu kennen. Saat und Ernte mussten zum richtigen Zeitpunkt erfolgen. Die Fähigkeit, durch die Beobachtung der Sternbilder den Himmel zu lesen, ist seitdem unverzichtbar. Einige Menschen sind mit der Zeit sogar so weit gegangen anzunehmen, das Schicksal eines Menschen ließe sich aus den Sternkonstellationen zum Zeitpunkt seiner Geburt ersehen: Eine Zeit lang waren die Astronomie und die Astrologie nicht klar voneinander getrennt. Heute ist das nicht mehr der Fall.

Die zwölf Tierkreiszeichen

Von der Erde aus betrachtet wandert die Sonne im Laufe eines Jahres in einem großen Kreis über den Himmel. Schon im 5. Jahrhundert vor unserer Zeitrechnung haben die antiken Menschen diesen Kreis in zwölf Zeichen oder Häuser unterteilt, eines für jeden Monat des Jahres, die ungefähr den Tierkreiszeichen entsprechen, vor denen die Sonne auf ihrer scheinbaren Jahresreise durch das Himmelszelt zum jeweiligen Zeitpunkt steht. Wir kennen die Tierkreiszeichen gut: Das sind der Widder (am 21. März, dem Datum der Frühlings-Tagundnachtgleiche), der Stier, die Zwillinge, der Krebs (am 21. Juni, zur Sommersonnenwende), der Löwe, die Jungfrau, die Waage (am 21. September, wenn die Herbst-Tagundnachtgleiche eintritt), der Skorpion, der Schütze, der Steinbock (am 21. Dezember, zur Wintersonnenwende), der Wassermann und die Fische. Diese Zeichen werden von zahlreichen Zeitschriften und Zeitungen überall auf der Welt noch heute für Horoskope benutzt. Zusammen bilden sie den Tierkreis, auch Zodiakus, von griechisch *zodiakos* für »Kreis der Tiere«. Viele der Sternzeichen sind nach Tieren benannt, man denke an Widder, Stier, Skorpion und Fische. Ursprünglich besaßen die Tierkreiszeichen Bezüge zu den gleichnamigen Sternbildern, diese sind im Laufe der Zeit jedoch immer weniger geworden. Jeder Abschnitt des Tierkreises deckt 30° des Himmels ab (360° geteilt durch zwölf), obwohl ein Sternbild laut einer Vereinbarung heute höchstens noch 18° des Nachthimmels umfassen darf; außerdem sind ihre Abmessungen in Wirklichkeit unregelmäßig und nicht so klar abgetrennt wie die Tierkreiszeichen. Und schließlich bleibt die Anzahl der Tierkreiszeichen in der Astrologie konstant bei zwölf, während die Sternbilder mit der Zeit mehr geworden sind.

Über die Hälfte der 88 Sternbilder, die heute den Himmel bedecken, sind sehr alten Ursprungs. Sie tragen die Namen von Sagenfiguren – Herkules, Perseus – oder von Tieren, vielleicht aus dem gleichen spirituellen Streben heraus, das die Maler in den Höhlen von Lascaux und Chauvet zur Darstellung von Tieren inspiriert hat. Die Sterne, die ein und demselben Sternbild angehören, liegen im All nicht zwangsläufig nah beieinander. Sie sind lediglich hell genug, um mit bloßen Augen sichtbar zu sein, und liegen zufällig von der Erde aus gesehen auf derselben Sichtachse. Diese Sterne können wenig lichtstark und dennoch hell sein, weil sie nahe der Erde sind, oder sie sind zwar lichtstark, dafür aber weit entfernt.

Der Polarstern

Wie die Sonne und der Mond gehen auch die Sterne – und die von ihnen geformten Sternbilder – im Osten auf und im Westen unter. Doch der Grund für die Bewegungen im Nachthimmel liegt nicht bei den Sternen, sondern in der Erdrotation. Die Sternbilder hingegen verändern sich von einer Jahreszeit zur anderen im Zuge der jährlichen Runde unseres Planeten um die Sonne. In der Spanne eines menschlichen Lebens von etwa einhundert Jahren verändert sich die Form der Sternbilder nicht. Das heißt jedoch nicht, dass sie für immer unveränderlich sind. In der Spanne eines Sternenlebens – das mehrere Millionen, wenn nicht Milliarden Jahre umfasst – verändert sich die Anordnung der Sterne in ihren Konstellationen durchaus. Nicht nur weil Sterne geboren werden, leben und sterben, also in Sternbildern auftauchen und verschwinden, sondern auch, weil sie nicht unbewegt am Himmel stehen.

Ganz im Gegenteil: Sie befinden sich im Verhältnis zueinander ständig in Bewegung, fliegen mit Geschwindigkeiten von Dutzenden Kilometern pro Sekunde aus dem einen Sternbild heraus und in das nächste hinein. So lösen sich die Konstellationen im Laufe der kosmischen Zeiten langsam auf und verändern sich. Nichts ist von Dauer.

Wenn sich alles verändert und bewegt, was ist dann mit dem Nordstern? Wird er auch für unsere Nachkommen in einigen Zehntausend Jahren weiterhin den Norden anzeigen?

Die Antwort lautet ganz sicher Nein, da die Rotationsachse der Erde nicht feststeht. Durch die zwischen unserem Planeten, der Sonne und dem Mond wirkende Schwerkraft schlingert sie leicht hin und her. Die Astronomen nennen das eine »Präzessionsbewegung«. So kommt es, dass die Erdachse vor 4000 Jahren nicht auf den Polarstern gerichtet war, sondern auf den Stern Alpha im Sternbild des Drachen. In 14 000 Jahren werden unsere Nachkommen die Erdachse auf einen anderen Stern gerichtet sehen, auf Wega im Sternbild der Leier. In der Spanne eines Menschenlebens ist die Präzessionsbewegung jedenfalls so unbedeutend, dass Reisende auf der Erde nicht fehlgehen, sich am Nordstern zu orientieren. Bei astronomischen Beobachtungen ist das allerdings etwas anderes: Ich muss die Präzessionsbewegung der Erdachse unbedingt einberechnen, um den richtigen Stern vor mein Teleskop zu bekommen.

Der Orionnebel in 1400 Lichtjahren Entfernung von der Erde, fotografiert vom Weltraumteleskop Hubble

»Der Orionnebel ist eine riesige Kinderstube, in der zahlreiche junge und massereiche Sterne geboren werden.«

Die Milchstraße

Ein großer leuchtender Bogen zieht sich einmal quer über den ganzen Himmel. Seine weißliche Farbe erinnert an die von Milch: Im Abendland gab man ihm den Namen Milchstraße. Diese Benennung geht auf einen griechischen Mythos zurück. Zeus wollte seinen Sohn Herakles unsterblich machen und ließ ihn an der Brust der Göttin Hera trinken, als diese schlief. Geweckt durch das Saugen stößt sie das Kind von sich und ein Schwall göttlicher Milch verteilt sich im Himmel, der daraufhin die Milchstraße wird. In Vietnam, dem Land der Kaiser und Prinzessinnen, der Schäfer und Dichter, kennen die Leute den Himmelsbogen als den »Silbernen Fluss«. Man erzählt, an seinen Ufern lebten die Eheleute Ngưu, die nach dem Willen des Kaisers des Himmels voneinander getrennt wurden. Er kam auf die eine, sie auf die andere Uferseite. »Und seither schauen die beiden über die leuchtende Fläche zueinander hinüber: Ist der andere auch fern, denken sie doch ständig aneinander. Einmal im Jahr dürfen sie sich treffen: im siebten Monat, der deshalb Monat der Ngưu heißt. Jedes Mal, wenn Ngưu Lang und Chức Nữ sich wiedersehen, vergießen sie Freudentränen; und sie weinen erneut, wenn der Abschied kommt. Daher fällt im siebten Monat so viel Regen, die Regengüsse der Ngưu[10].«

Dieses poetische Bild ist weit von dem entfernt, was die Wissenschaftler in der Milchstraße sehen. Die ersten Untersuchungen zur Milchstraße begannen schon 1610, als Galilei sein Fernrohr auf sie richtete. Mit Erstaunen sah er dort unzählig viele Sterne, die im Laufe der folgenden Jahrhunderte, als die Teleskope wuchsen, nur noch mehr wurden. Über die Jahrhunderte hat die Milchstraße ihre Geheimnisse freigegeben. Am Ende des 19. Jahrhundert wussten die Astronomen, dass es sich um eine Galaxie handelte, das heißt um eine Ansammlung von mehreren Hundert Milliarden Sternen, die – von der Schwerkraft zusammengehalten – sich unablässig um das Milchstraßenzentrum drehen. Ein Großteil dieser Sterne, zu denen auch die Sonne gehört, befinden sich in einer scheibenähnlichen Struktur mit 100 000 Lichtjahren Durchmesser und einer hundert Mal geringeren Dicke. Der Forschungsaufwand war außerordentlich, da das Sonnensystem mit seiner Größe von 5 Lichtstunden nur ein Hundertmillionstel der Galaxie umfasst. Die ganze Milchstraße aus unserer kleinen Ecke des Sonnensystems zu vermessen, entspricht etwa der Leistung eines Wurms, der sich der Ausmaße ganz Frankreichs bewusst wird.

In dieser Scheibe dreht die Sonne unablässig ihre Runden, mit der Erde im Schlepptau. Unser Planet gleicht einem Raumschiff, das uns durch den interstellaren Raum der Milchstraße trägt, mit einer Geschwindigkeit von ungefähr 790 000 Stundenkilometern. Seit ihrer Entstehung hat die Sonne mitsamt ihrem Planetengefolge das Zentrum der Milchstraße bislang 20 Mal umrundet, wobei sie für jede Runde 220 Millionen Jahre benötigt. Aus der Perspektive von uns Erdbewohnern erscheint unsere Scheibengalaxie als eine feingliedrige Struktur aus Sternen, Gasen und Staub, die sich quer durch den Himmel zieht und uns als leuchtender Bogen fasziniert.

Wo befindet sich unser Stern und wo sind wir selbst in der riesigen Scheibengalaxie zu verorten? Im Zentrum der Milchstraße, wie unser menschliches Ego es gern hätte? 1543 hatte Nikolaus Kopernikus (1473–1543) unserem Stolz einen schrecklichen Schlag verpasst, als er die Erde aus ihrer zentralen Position im Sonnensystem holte und an ihre Stelle die Sonne setzte. Seitdem drehten sich die übrigen

Himmelskörper nicht mehr um die Erde, und der Kosmos war nicht mehr allein zu Nutzen und Wohlfahrt des Menschen geschaffen worden. Dieser stand nun nicht mehr im Zentrum von Gottes Aufmerksamkeit. Fast 400 Jahre später zeigt der amerikanische Astronom Harlow Shapley (1885–1972), dass nicht nur die Erde nicht im Mittelpunkt des Universums steht, sondern die Sonne auch nicht: Sie ist ein einfacher Stern in irgendeinem Vorort der Galaxie, etwa 27 000 Lichtjahre vom Zentrum der Milchstraße entfernt, also auf gut halbem Wege zwischen Mitte und Randbereich. Kopernikus' Geist tauchte plötzlich wieder auf und erschreckte die Menschen. Er wird auch in den kommenden Jahren weiterspuken, weil das menschliche Ego nie ganz kapitulieren wird. Wenn die Sonne nicht das Zentrum der Welt ist, so doch wenigstens unsere Galaxie. Anders gesagt, bestimmt steckt in der Milchstraße das ganze restliche Universum mit drin. Fehlanzeige! Die heutigen Astronomen haben herausgefunden, dass die Milchstraße im beobachtbaren Universum nur eine unter Hunderten Milliarden Galaxien ist – mit jeweils Hunderten Milliarden Sonnen. Und damit nicht genug. Einige Physiker vertreten die Ansicht, unser Universum sei nur ein Universum unter unendlich vielen anderen, die alle zusammen ein gewaltiges »Multiversum« bilden. Im Zuge des wissenschaftlichen Fortschritts hat der Mensch seinen besonderen Platz im Universum also gänzlich verloren. Statt das Zentrum der Welt zu sein, ist die Erde nichts weiter als ein Sandkorn in der Endlosigkeit des Kosmos.

Die Farben der Nacht

Die Nacht versetzt mich immer wieder in einen besonderen Gemütszustand, eine Art Abgeklärtheit, die den Geist beruhigt. Wenn ich den hell erleuchteten Beobachtungsraum verlasse und vor die Tür des Gebäudes trete, das das Teleskop beherbergt, kann ich die nächtliche Landschaft zunächst nicht deutlich wahrnehmen. Doch schnell gewöhne ich mich an die Dunkelheit, erste Umrisse zeichnen sich ab und die Formen werden klarer. Es ist doch fabelhaft, wie gut unsere Augen sogar bei sehr schwachem Licht sehen können! Mit dem Auge hat die Evolution ein wundervolles Instrument hervorgebracht, das uns ermöglicht, mit der Welt zu kommunizieren und uns darin zu bewegen.

Bei Licht sehen wir die Welt in Farben, und wir halten diese Fähigkeit für so selbstverständlich, dass wir ihr keine Beachtung schenken. Durch das Farbsehen gewinnt unser Augenlicht eine zusätzliche Dimension: Es ist einfacher, zwei Gegenstände zu unterscheiden, wenn sie unterschiedliche Farben haben. Die Evolution hat uns mit einem anderen Sehsinn ausgestattet als die meisten anderen Säugetiere: Im Gegensatz zu uns können sie Farben nicht gut wahrnehmen. Wenn etwa ein Stierkämpfer ein rotes Tuch vor einem Stier herumwedelt, reizt das die Zuschauer, aber nicht das Tier.

Ein grauer Stoff würde den Stier in gleicher Weise provozieren. Es ist so gut wie sicher, dass wir unter den Säugetieren neben unseren Cousins, den Primaten, die Einzigen sind, die sich einer bunten Welt erfreuen. Die Welt der Hunde und Katzen ist hingegen einfarbig grau und langweilig: Das Blau von Himmel und Meer, das Rot des Klatschmohns und das Grün der Bäume sind ihnen un-

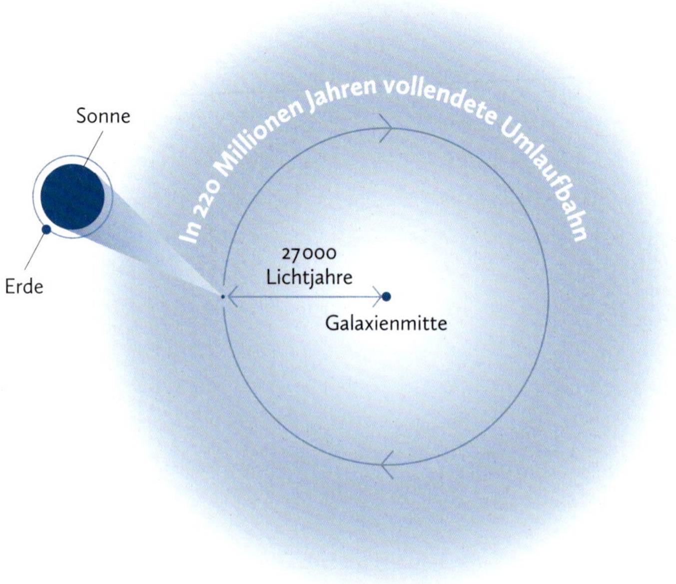

bekannt. Interessanterweise besitzen zahlreiche angeblich nicht sehr hoch entwickelte Tiere wie Vögel, Fische, Reptilien und Insekten (beispielsweise die Bienen und Libellen) einen stark entwickelten Farbsinn. So nehmen Hühner und Tauben, ja auch die Gemeine Küchenschabe die Welt in bunt war. Ihre Netzhaut verfügt sogar über vier Zapfen-Typen anstatt über drei wie unsere. Heißt das, eine solche Schabe nimmt die Welt farbenreicher wahr als der Mensch? Gewiss nicht, da wir nicht nur mit den Augen, sondern auch mit dem Gehirn sehen – Fotorezeptoren fangen die visuellen Informationen ein und leiten sie an das Gehirn weiter, das sie auswertet – und unsere geistigen Fähigkeiten doch um einiges weiterentwickelt sind als bei der Schabe. Und trotz ihrer vier Zapfen-Typen können Schaben die Farbe Rot nicht wahrnehmen. So lässt

Die Milchstraße, gesehen vom chilenischen ▸
Altiplano bei San Pedro de Atacama

»Die dunklen Bereiche der Milchstraßen-Scheibe werden von Staubstreifen verursacht, die das Sternenlicht absorbieren.«

sich bei einer Plage das Nest der Schaben finden, indem man ihnen mit roten Lampen nachstellt: Man kann sie sehen, während man selbst für sie unsichtbar bleibt.

Die Farbsensibilität verdankt das menschliche Auge also den Fotorezeptoren in der Netzhaut im Augenhintergrund. Die Rezeptoren nehmen die Bilder auf wie ein Film oder ein elektronischer Sensor in einem Fotoapparat. In der Netzhaut des Menschen befinden sich zwei Sorten von Fotorezeptoren: Sechs Millionen Zapfen und eine sehr viel größere Anzahl zylindrisch geformter Stäbchen (etwa 120 Millionen). Sie sind räumlich getrennt: Die Zapfen sind zahlreicher in der Mitte der Netzhaut, während die Stäbchen in deren Randbereichen vorherrschen.

Dank der Zapfen sehen wir die Welt in Farbe: Sie verraten uns den lieblichen Farbton einer Rose oder das prächtige Farbspiel von Monets *Seerosen*. Es gibt drei Typen, von denen jeder Rezeptoren für eine bestimmte Farbe enthält: für Blau, Rot und Grün. Die Kombination dieser sogenannten Grundfarben ermöglicht uns die Wahrnehmung der ganzen wunderbaren Farbpalette unserer sichtbaren Welt.

Zapfen und Stäbchen

Doch die Zapfen sind nur leistungsfähig, wenn es Licht in ausreichender Intensität gibt. Im gegenteiligen Fall treten die Stäbchen in Aktion. Sie können sehr viel schwächeres Licht wahrnehmen und übernehmen daher das Sehen bei Nacht, wenn die Zapfen nicht funktionieren. Weil die Stäbchen aber keine Farbunterscheidung machen, erscheinen uns alle schwach beleuchteten Dinge farblos. Im Dunkeln wirken sie schwarz. Während der ersten Minuten können meine Augen draußen unter dem Nachthimmel nur die hellsten Sterne erkennen. Alle wirken weiß. Aber nach zehn Minuten leuchten am gesamten Himmelsgewölbe unzählige Lichtquellen. Die Sterne sind so zahlreich, dass ich nur mit Mühe die bekannten Formen bestimmter Sternbilder erkenne. Experimente haben gezeigt, dass unsere Augen nach einer halben Stunde in Dunkelheit Gegenstände wahrnehmen können, die 10 000 Mal schwächer beleuchtet sind als solche in einer für uns üblichen Umgebung. Diese fabelhafte Fähigkeit des Auges, sich an ungünstige Lichtverhältnisse anzupassen, kennt jeder, der schon einmal in einem dunklen Kinosaal nach einem freien Platz gesucht hat. Zunächst sehen wir so gut wie nichts. Doch nach wenigen Augenblicken werden die Sitzreihen sichtbar. Diese große Lichtempfindlichkeit im Dunkeln erreichen wir durch die Erweiterung unserer Pupille, der Öffnung, durch die Licht ins Auge eindringen kann. Diese Öffnung passt sich der empfangenen Lichtmenge an. Bei Dunkelheit kann sich die Pupille bei jungen Menschen bis zu 7 Millimeter im Durchmesser öffnen, eine Fähigkeit, die sich im Alter allerdings auf 5 Millimeter verringert. Im umgekehrten Fall, bei grellem Licht, zieht sich die Pupille bei jungen Menschen bis auf 3,5 Millimeter zusammen. Sobald sich meine Augen an die Dunkelheit gewöhnt haben, kommen auch die Zapfen zum Einsatz, und ich sehe in den Lichtpunkten der Sterne am Himmel langsam ein wenig Rot, Gelb, Orange, Blau und Grün. Da die Stäbchen im Randbereich der Netzhaut zahlenmäßig dominieren, habe ich gelernt, zur Beobachtung von Objekten mit geringer Helligkeit nicht direkt das Objekt zu fixieren, sondern leicht daran vorbeizuschauen, damit die Randbereiche der Netzhaut zum Einsatz kommen, in denen die sehr viel lichtempfindlicheren

Claude Monet, *Seerosen* (Detail) ▸

Stäbchen sitzen. In den 1970er-Jahren, bei meinen Anfängen in der Astronomie, als die Bilder der Himmelskörper noch nicht wie von Zauberhand auf einem großen Bildschirm erschienen und der Astronom direkt ins Teleskop hineinschaute, habe ich diese Technik des peripheren Sehens oft angewandt, um nach schwach leuchtenden Sternen und Galaxien zu suchen.

Den Sternenhimmel malen

Das Bild *Sternennacht* (1889) von Vincent van Gogh, das ich erfreulicherweise schon mehrmals im New Yorker MoMa (Museum of Modern Art) bewundern durfte, kommt mir in den Sinn. Der Maler zeigt den nächtlichen Himmel über dem schlafenden Dorf Saint-Rémy-de-Provence. Die Landschaft entspricht dem Blick aus seinem Fenster der geschlossenen Anstalt, in die er eingewiesen worden war: eine großartige Sinfonie der Farben. Das Dunkelgrün der Zypressen im Vordergrund, das Dunkelblau des Himmels, das Gelb des Mondes und das mit Weiß und Blau durchsetzte Gelb der Sterne. Der Nachthimmel ist hier alles andere als eintönig und farblos. Zweifellos hat der Maler seine Fantasie eingesetzt, um diesen Himmel zu schaffen, aber wahrscheinlich standen bei diesem Bild auch Erinnerungen an einige dunkle Nächte Pate. Nächte ohne Kunstlicht, in denen sich das Auge ans Dunkel anpasst und allmählich immer mehr Farben sieht. In einem Brief an seine Schwester Wilhelmina schreibt er im September 1888: »Derzeit möchte ich unbedingt einen Sternenhimmel malen.

Oft scheint mir die Nacht reicher an Farben als der Tag; mit Schattierungen von intensivsten Violett-, Blau- und

Grüntönen. Wenn du nur acht darauf gibst, wirst du sehen, dass manche Sterne einen hellen Glanz von Zitronengelb, andere von Rosa oder Grün, Blau oder Vergissmeinnichtblau haben. Und ohne mich über das Thema verbreiten zu wollen, ist es offensichtlich, dass es nicht genügt, kleine weiße Punkte auf Schwarz-Blau zu setzen, um einen Sternenhimmel zu malen.«[11]

Hier auf dem Mauna Kea sehe ich sie auch, die farbigen Feuer.

Die Nacht schnarcht über der Erde und wälzt sich im wüsten Traum. Gedanken, Wünsche, kaum geahnt, wirr und gestaltlos, die scheu sich vor des Tages Licht verkrochen, empfangen jetzt Form und Gewand und stehlen sich in das stille Haus des Traums. Sie öffnen die Türen, sie sehen aus den Fenstern, sie werden halbwegs Fleisch.

Georg Büchner,
Dantons Tod[12]

Nächtliche Gefahren

Die Stunden verrinnen. Die Nacht rückt vor. Zu meiner großen Erleichterung bleibt der Himmel weiterhin klar, das Wetter stabil. Ich überprüfe regelmäßig auf der Website der NASA die Himmelsaufnahmen von Hawaii und Umgebung. Diese Aufnahmen werden fast in Echtzeit von einem Wettersatelliten aus dem All geschickt. Mit ihnen lässt sich das Wetter jederzeit und überall auf der Erde prüfen. Der Blick auf die Weltraumbilder lässt mich aufatmen. Dank eines Hochdruckgebiets, das uns alles schlechte Wetter vom Leibe hält, ist die ganze Region wolkenlos. Nicht nur in dieser Nacht wird es gutes Wetter geben, sondern in den beiden folgenden offenbar auch. Ich mache weiter mit meiner Agenda. Bereits fünf Blaue kompakte Galaxien wurden beobachtet. Der Bildschirm zeigt die Farbspektren jeder einzelnen Galaxie: Es sind keine durchgehenden Linien, sondern mehrere vertikale Streifen. Die Anordnung der Spektrallinien verrät mir etwas über die chemischen Stoffe, aus denen die Galaxie besteht. Alle Spektren weisen auf ungebundenen Wasserstoff hin. Das ist normal: Der Wasserstoff kommt im Universum von allen Elementen am häufigsten vor – er macht drei Viertel seiner Masse aus –; so auch in den von mir untersuchten Galaxien. Einige Spektren zeigen schwache Streifen, die auf gebundenen Wasserstoff und auf Eisen hinweisen. Die genaue Untersuchung dieser Streifen informiert mich über die physikalischen Eigenschaften des Gases, wie Temperatur und Dichte, und hilft mir zu verstehen, wie das Gas gravitationsbedingt kollabiert und die zahlreichen jungen und massiven Sterne bildet, aus denen die Blauen kompakten Zwerggalaxien bestehen. Sobald ich zurück an meiner Universität bin, werde ich diese Daten genauer untersuchen.

Während das Teleskop nun das Licht einer weiteren Galaxie meiner Liste einsammelt, gehe ich mir draußen die Füße vertreten. Seitdem ich häufiger in Sternwarten arbeite, ist die Nacht für mich eine freundliche, sogar tröstliche Erscheinung geworden. Früher war das anders. Da wimmelte die Nacht von Gefahren.

Dennoch gingen sie darauf los, aber je weiter sie gingen, desto mehr verirrten sie sich, und desto tiefer kamen sie in dichten, tiefen, düstern Wald. Es regnete, und der Wind heulte, und sie glaubten, es wären die Wölfe, die so heulten, und hatten große Angst – besonders als es Nacht wurde, stockdunkle, pechrabenschwarze, mutterseelenalleinige Nacht. Sie wußten nicht, wo aus, wo ein.

Charles Perrault,
Der kleine Däumling[13]

Die ersten achtzehn Jahre meines Lebens habe ich in meinem Geburtsland verbracht, in Vietnam, in einer von Krieg geprägten Atmosphäre. Geboren wurde ich 1948 in Hanoi, als Sohn einer wohlhabenden, gebildeten Familie, gerade als die japanische Besatzung Vietnams zu Ende ging und die Franzosen versuchten, wieder die Kontrolle über ihre einstige Kolonie zu gewinnen. Es wütete der Indochinakrieg, ein Unabhängigkeitskrieg von Ho Chi Minh und seinen Anhängern gegen die Franzosen. Dieser endete 1954 mit der desaströsen Niederlage der französischen Streitkräfte gegen die Việt Minh in der Schlacht um Điện Biên Phủ. Vietnam wurde daraufhin geteilt, in Nordvietnam unter dem kommunistischen Regime von Ho Chi Minh, und in Südvietnam, das die USA unterstützten. Mein Vater, ein hoher Beamter der vorherigen Regierung des Nordens, hatte entschieden, mit seiner Familie in den Süden umzuziehen. Er hatte keine Wahl: Wäre er geblieben, hätte er riskiert, von den Kommunisten verfolgt und vielleicht umgebracht zu werden. Also wuchs ich in Saigon auf, der Hauptstadt Südvietnams, und verbrachte trotz des neuen, schnell aufziehenden Krieges, der oft als der »zweite Indochinakrieg« bezeichnet wird, eine glückliche, alles in allem fast normale Jugend. Der Krieg, begonnen 1955 als Bürgerkrieg zwischen dem Norden, der das Land vereinigen und unter kommunistische Führung bringen wollte, und dem sich widersetzenden Süden, verselbstständigte sich bald in einer Auseinandersetzung zwischen Nordvietnam und den USA. Der Konflikt endete erst 1975, nach dem Abzug der amerikanischen Truppen, der Invasion des Südens durch den Norden und der Vereinigung des Landes unter einem kommunistischen Regime.

Das Krachen der Bomben

Nach dreißig Jahren ununterbrochenen Krieges hatte ich eine ganz eigene Sicht auf die Nacht. Für mich war sie gefährlich. Auf dem Land war es unmöglich, nachts ohne Angst spazieren zu gehen – die Angst, dass plötzlich Soldatentrupps auftauchten oder dass man von einer offenen Schlacht auf der Straße überrascht würde. In einigen Nächten hörte ich den Bombenhagel niederkrachen, den die B52-Bomber über dem Dschungel und den ländlichen Gebieten abwarfen, wo sich die Kommunisten versteckt hielten. Dann bebte die Erde, die Scheiben wackelten und die Nacht glomm rot am Horizont. Während dieser Jahre war die Nacht in meiner Wahrnehmung oft mit dem Tod verbunden. Als ich nach meinem Schulabschluss in Saigon 1966 zum ersten Mal ins Ausland ging, um in Lausanne in der Schweiz ein Studium zu beginnen, überraschte mich das unglaubliche Gefühl von Sicherheit, das ich in der helvetischen Nacht verspürte. Die ersten Monate war ich verblüfft, nachts unbehelligt herumlaufen zu können, ohne Angst vor Querschlägern. Langsam entdeckte ich, dass die Dunkelheit nicht nur bedrohlich war.

Die Nacht erhellen

Ich bin nicht der Einzige, der nachts Angst hat. In der menschlichen Vorstellung wimmelt die Nacht von Geistern, Vampiren und Werwölfen. In grauer Vorzeit war es tatsächlich so, dass unsere Vorfahren im Dunkeln lauernden Raubtieren und anderen Gefahren ausgesetzt waren. Um diese Angst zu bannen, erfand der Mensch das künstliche Licht. Der erste Schritt dabei war die Zähmung des Feuers vor 500 000 Jahren: Das Lagerfeuer half nicht nur bei der Abwehr nächtlicher Räuber, sondern erlaubte dem Urmenschen auch, den Tag künstlich zu verlängern und bis spät in die Nacht aktiv zu sein. Danach erhellten Fackeln die Nacht, mit denen Tierfett und Pflanzenöle verbrannt wurden, bevor Kerzen und schließlich, in der modernen Zeit, Lampen diese ablösten. Vor 30 000 bis 11 000 Jahren erschufen Künstler im Schein von in Kalksteine eingemeißelten Lampen die faszinierenden Höhlenzeichnungen von Chauvet und Lascaux. Ungefähr 1400 Jahre vor unserer Zeitrechnung huldigten die Ägypter dem Sonnengott Ra mit Lampen aus Bronze oder gebranntem Ton, die sie mit Olivenöl speisten. Einige Jahrhunderte vor Jesus Christus entstanden die Wachskerzen. Ihr Gebrauch war zunächst ausschließlich auf religiöse Riten beschränkt, ab dem Mittelalter wurden sie jedoch die Hauptquelle künstlicher Beleuchtung. Im 18. Jahrhundert verfeinert sich die Technik, die Lampen werden effizienter. Sie erobern die Städte, erleuchten ihre Hauptverkehrsadern. Paris ist die Lichterstadt. Doch ab 1880 werden die Öl- und Gaslampen vom elektrischen Strom verdrängt. Thomas Edisons (1847–1931) Erfindung wendet das Blatt; sie verändert das Erscheinungsbild der Städte und das urbane Leben radikal. Die Straßen werden sicherer. Der Mensch beendet seine Unternehmungen nicht mehr mit Einbruch der Dunkelheit. Das Kunstlicht macht die Nacht zum Tag. Der Mensch wird fortan in einem nie enden wollenden Bad aus natürlichem und künstlichem Licht zur Welt kommen, leben und sterben.

Künstliches Licht

Doch das Kunstlicht hat unser Verhältnis zur Welt in einiger Hinsicht ärmer werden lassen. Es hat uns von unserer Umgebung unabhängig gemacht, was in meinen Augen einen großen Verlust darstellt. Da sich unsere Beleuchtung nicht mehr nach den Rhythmen von Sonne und Mond richtet, haben wir den engen Kontakt zum Himmel und zur Natur verloren, den unsere Urahnen besaßen. Durch das Gleißen der Glühlampen in den Städten werden die Menschen dort des großartigen Schauspiels beraubt, das ein funkelnder Sternenhimmel bietet. Über 80 Prozent der Weltbevölkerung leben unter einem von Kunstlicht verschmutzten Himmel. Anstelle von Tausenden bunt strahlenden Sternen sieht der Städter mit bloßen Augen kaum mehr als zwanzig Leuchtpunkte. Ein Drittel der Menschheit wird niemals den zauberhaften Anblick der sich quer über den Himmel erstreckenden Milch-

Georgia O'Keeffe, *City Night* ▸

straße genießen können. Die Kinder in den Städten heben den Blick nicht mehr zum Himmel. Es wäre aber wichtig, die Verbindung zum Kosmos zu pflegen und das Bündnis nicht zu zerstören.

Sogar die Sternwarten sind vor dieser Plage nicht gefeit. Die ständige Ausbreitung der Städte verknappt nach und nach den Raum rund um diese privilegierten Orte, an denen der Mensch noch in Kontakt mit dem Kosmos treten kann. Die Lichtverschmutzung der urbanen Zentren ist derartig groß, dass die Sternenforscher die schwächsten Lichter im Himmel nicht mehr sehen können. Mir blutet das Herz, wenn ich bedenke, dass das Mount-Wilson-Observatorium nahe Los Angeles aufgrund der blendenden Großstadtlichter nicht mehr zur Beobachtung weit entfernter Galaxien benutzt werden kann – es handelt sich um die Wiege der modernen Kosmologie, den Ort, an dem der amerikanische Astronom Edwin Hubble 1923 die Beschaffenheit der Galaxien und 1929 die Ausweitung des Universums entdeckt und somit den Grundstein für die Urknalltheorie gelegt hat. Schlimmer als in Los Angeles erhellt das Neonlicht den Himmel über Las Vegas. Auf Fotos der NASA sieht man die Stadt als den hellsten Punkt der Erde.

Eine Stadt wie Las Vegas ist gänzlich dazu gebaut, die Nacht zu besiegen. Das ständige Gedudel der Spielautomaten, die Orgie der elektrischen Lichter, die Inszenierung jedes einzelnen Moments gibt vor, all das zu besiegen, was die Dunkelheit an Ungastlichem hat. […]

Diese Artefakte zerstören jede Möglichkeit, dass der Sternenhimmel uns tröstet: Um ihn zu sehen, muss man in die Wüste gehen, die die Stadt umgibt.

Michaël Fœssel,
La Nuit. Vivre sans témoin
(Die Nacht. Ohne Zeugen leben)

Lichtschutzgebiete

Um die Dunkelheit des Himmels für die Astronomen und andere Sternliebhaber zu bewahren und damit zukünftige Generationen noch die Erfahrung machen können, unter einem leuchtenden Himmel mit Tausenden Sternen zu stehen, wurde die Idee geboren, internationale Lichtschutzgebiete einzurichten. Ziel ist es, die Umgebung der Sternwarten durch Pufferzonen, in denen die Lichtverschmutzung streng kontrolliert wird, vor den Angriffen des künstlichen Lichts zu schützen. So wurde das weltweit erste Lichtschutzgebiet 2007 in Quebec eingerichtet: eine Zone von 5500 Quadratkilometern Fläche in einem Radius von 50 Kilometern rund um das Observatoire du Mont-Mégantic. In weniger als einem Jahrzehnt konnte die Sternwarte die knapp zwanzig umliegenden Städte als Partner gewinnen und die öffentliche Hand, die Unternehmen und die Bürger von den Vorteilen nächtlicher Dunkelheit überzeugen. Der Handel, die Industrie und die Bewohner haben sich an die neuen Regeln gehalten. Die Städte und Gemeinden haben ihre herkömmliche Straßenbeleuchtung gegen weniger helle und sparsamere

Leuchten ausgetauscht, wodurch der Energieverbrauch und die Lichtverschmutzung um ca. 35 Prozent reduziert werden konnten.

Insgesamt wurden über 3300 Beleuchtungskörper ersetzt. Die Ergebnisse ließen nicht auf sich warten: Der Sternenhimmel funkelte bald wieder wie in vergangenen Zeiten. Neben den erheblichen Energieeinsparungen hatten die Bewohner des Lichtschutzgebietes die große Freude, ihren Kindern eine der eindrucksvollsten Erfahrungen überhaupt zu ermöglichen: den Blick in einen Himmel voller Sterne. Dieses Beispiel zeigt auf bemerkenswerte Art, dass man in einer Gemeinschaft, die den spirituellen und wissenschaftlichen Wert einer dunklen Nacht anerkennt und konsequent gegen die Lichtverschmutzung angeht, keine Tausende Kilometer weit reisen muss, wie auf den Vulkan Mauna Kea mitten im Pazifik oder in die Atacama-Wüste in Chile, um einen Sternenhimmel in all seiner Pracht zu bewundern. Ein ähnliches Vorhaben wurde 2009 in Frankreich auf den Weg gebracht, um die Sternwarte auf dem Pic du Midi in den Pyrenäen zu erhalten. In diesem Lichtschutzgebiet befinden sich 40 000 Lichtquellen, die effizienter und ökonomischer werden sollen, in 251 Gemeinden, unter anderem Lourdes, und 87 500 Einwohner.

Doch die meisten von uns wohnen nicht gleich neben einem Lichtschutzgebiet. Was nicht heißen soll, dass wir unsere Abgeordneten nicht dazu anregen können, gegen die Plage der Lichtverschmutzung zu kämpfen, ohne deshalb auf die unbestreitbaren Vorzüge von künstlicher Beleuchtung zu verzichten – also auf höhere Sicherheit und die Möglichkeit, bis spät in die Nacht seinen Beschäftigungen nachzugehen, so wir dies wünschen. In den urbanen Zentren wird die Lichtverschmutzung vor allem von Lampen verursacht, die statt zum Boden nach oben strah-

◂ Amédée Ozenfant, *Une rue, la nuit* (Eine Straße, bei Nacht)

len und damit eine Lichtglocke über den Städten erzeugen, die den Himmel verdeckt. Mit Blendschutz und gerichteter Beleuchtung, Natriumdampfleuchten und einer bedarfsorientierten Zeitschaltung der Lampen ließe sich diese Energieverschwendung beenden und, da der elektrische Strom aus fossilen Energien gewonnen wird, auch die Erderwärmung verlangsamen. Wird der Mensch die Weisheit besitzen, sein unstillbares Verlangen nach immer mehr Bebauung und Beleuchtung zu bremsen, damit unsere Kinder den prächtigen Nachthimmel auch noch bewundern können?

Ich hatte mir vorgenommen, in einem bestimmten Jahr, in der fünfzehnten Nacht, auf dem Teich des Klosters in Suma [den Mond] von einem Boot aus zu betrachten; ich lud also einige Freunde ein und wir kamen mit unserem Proviant im Gepäck zu dem Teich, um dort festzustellen, dass rund um diesen lustige Lichterketten mit bunten Glühbirnen aufgehängt waren; auch der Mond schwebte über der Szene, doch eigentlich gab es ihn nicht mehr.

Tanizaki Jun'ichirō,
Lob des Schattens[14]

Nächtliche Fauna und Flora

Die künstliche Beleuchtung ist nicht nur Astronomen und Liebhabern des Sternenhimmels hinderlich. Sie destabilisiert auch die Fauna und Flora. Mindestens 30 % der Wirbeltiere und über 60 % der Wirbellosen sind nachtaktiv; die meisten anderen Arten sind dämmerungsaktiv. Wenn wir schlafen, in der sicheren Wärme unseres Betts, dann gibt es da draußen eine wimmelnde Nachtwelt, in der die unterschiedlichsten Dinge stattfinden: Wanderschaft, Paarung, Ernährung, Bestäubung usw. – kurz, alles was die Artenvielfalt ausmacht und erhält. Durch die Lichtverschmutzung verlieren diese Arten ihre räumliche Orientierung; ihr Biorhythmus wird gestört, der genau auf bestimmte Anteile von Tag- und Nachtstunden ausgelegt ist, ebenso wie die Fortpflanzungszyklen. Außerdem werden sie leichter von ihren Fressfeinden entdeckt, was das biologische Gleichgewicht durcheinanderbringt. Die Zugvögel haben als Erste darunter zu leiden. Die Nachtbeleuchtung lässt ihre Orientierungspunkte am Himmel verschwinden. Die Anzahl der Vögel, die jedes Jahr

Eule
Substantiv, feminin; Nachtgreifvogel mit rundem Kopf und flachem Gesicht, hat viele Unterarten (Käuze, Uhus, Schleiereulen usw.)
Ruf: Die Eule schreit, kichert, heult und bellt.

Fledermaus
(Pl. Fledermäuse) Substantiv, feminin; fliegendes Säugetier, meist insektenfressend, das sich durch Echoortung orientiert und an dunklen, feuchten Orten ruht und überwintert.

Meeresleuchttierchen
Substantiv, Neutrum; zur Biolumineszenz fähiges Urtierchen; manchmal so zahlreich im Plankton vertreten, dass das Meer bei Nacht phosphoresziert.

Nachtfalter
Substantiv, maskulin; nachtaktiver Schmetterling, äußerst artenreich, dessen Raupen mitunter schwere Fraßschäden im Landbau verursachen.

Nachtvogel
Substantiv, feminin; fig. Person, die gerne bis spät in die Nacht aufbleibt.

Nyktalopie
Substantiv, feminin; Sehschwäche bei Tage bzw. Fähigkeit zur Nachtsicht bei bestimmten Tierarten und Individuen.

auf ihrem Zug gegen die Fenster von Gebäuden fliegen, beläuft sich allein in den USA auf Hunderte Millionen. Die Lichtverschmutzung kann auch die Zugbewegungen einiger Bestäubungsinsekten wie der Nachtfalter beeinflussen. Dies hat Auswirkungen auf die Flora, die nur mit Bestäubern fortbestehen kann. Die Glühwürmchen oder auch Leuchtkäfer sind ebenfalls betroffen: Die künstliche Beleuchtung überstrahlt die Fluoreszenz der Weibchen, sodass die Männchen sie nicht mehr orten und befruchten können. Ganze Ökosysteme geraten durch nächtliche Beleuchtung durcheinander. In manchen Seen frisst das Zooplankton aufgrund übermäßiger Lichteinstrahlung in der Nacht keine Algen mehr, die sich in der Folge stark vermehren; die Bakterienaktivität nimmt zu, dem Wasser wird der Sauerstoff entzogen und zahlreiche Wirbellose und Fischarten ersticken.

Die Nacht zu lieben, zu bezähmen, zu bewohnen heißt auch, die Fauna und Flora unseres Planeten zu feiern. So würdigt man den großen Rhythmus der Natur, rühmt das atemberaubende Abenteuer der Schöpfung und erhält die äußerst poetische und spirituelle Emotion, die uns mit dem Universum verbindet.

Die Stille der Nacht

Da sich nachts die Formen auflösen und die Farben verschwinden, werden im Dunkeln, wie zum Ausgleich für das eingeschränkte Sehvermögen, die anderen Sinne geschärft. Der Tastsinn wird genauer. Um Hindernissen aus dem Weg zu gehen, tasten wir uns durch die Nacht. Insbesondere der Gehörsinn steigert sich, verstärkt Geräusche und Resonanzen. Das harmlose Knacken eines Zweigs bekommt unsere Aufmerksamkeit, versetzt uns in Schrecken, obwohl es bei Tag unbeachtet geblieben wäre. Ein kleiner alltäglicher Zwischenfall nimmt nachts die Ausmaße eines Dramas an. Die Stille wird vergrößert. »Es sind privilegierte Orte, an denen die Stille ihre subtile Allgegenwart verbreitet, Orte, an denen sie sich besonders gut belauschen lässt, Orte, an denen die Stille – oftmals – als leises Rauschen erscheint, fortdauernd und anonym«, schreibt Alain Corbin. Dies sind die Geräusche der Stille: »Jeglicher Klang ist mit der Stille verwandt, er ist eine Blase auf ihrer Oberfläche, die jäh zerplatzt«, sagt Henry David Thoreau.[15]

Bei Einfall der Nacht macht sich betörende Stille breit. Immer wenn ich oben auf einem Berg oder in der Weite

Die Lichtverschmutzung aus dem Weltall gesehen

»Wird der Mensch die Weisheit haben, sein unstillbares Verlangen nach immer mehr Bebauung und Beleuchtung zu bremsen, damit unsere Kinder den prächtigen Nachthimmel auch noch bewundern können?«

einer Wüste eine Sternwarte betrete, kann ich den Kitzel eines grenzenlosen Raums körperlich spüren. Über den Sternwarten scheint sich der Blick im Unendlichen zu verlieren. Nachts vermengen sich in mir ein unsägliches Gefühl von Unendlichkeit und die schwindelerregende Empfindung von kosmischer Verbundenheit. Das Sternenzelt erscheint mir so nah, dass ich mich im All zu schweben wähne, wo ich mit ausgestreckter Hand die Sterne pflücken könnte. Die Unendlichkeit des nächtlichen Alls ist an die betörende Stille gebunden, die über der gesamten Anlage liegt.

Die Stille einer Mondnacht hat eine besondere Dichte. Proust sprach von einer Musik des Mondlichts: »Im Leben kommt einmal eine Stunde, [...] zu der die müden Augen nur noch ein bestimmtes Licht ertragen [...], in der das Ohr keiner anderen Musik mehr lauschen kann als jener, die der Schein des Mondes auf der Flöte der Stille spielt.«[16]

Die Nacht stiehlt die Formen, verleiht Geräuschen Schrecken; schon ein knirschendes Blatt tief in einem Wald bringt die Fantasie in Fahrt; die Vorstellung durchrüttelt die Eingeweide, alles bauscht sich auf.

Der Vorsichtige tritt misstrauisch ein, der Feige bleibt stehen, erschaudert oder entflieht; der Mutige legt die Hand an den Knauf seines Schwerts.

Denis Diderot,
Salon von 1767

Sternwarten gehören sicher zu den Ausnahmeorten, wo die Stille eine ganz besondere Dimension erhält. Diese Stille nehme ich noch stärker in der Nacht wahr, wenn die Techniker, die tagsüber die Teleskope warten, den Gipfel verlassen haben und nur noch die Astronomen zurückbleiben, um das herabrieselnde Himmelslicht und die nächtliche Stille einzufangen. Im Dunkeln ahne ich die Umrisse der Kuppeln, die die Teleskope beherbergen, und die Mondlandschaft rund um mich herum. Die karge Umgebung, in der ich mich befinde, ohne Bäume oder Büsche, ist in seltsame Stille gehüllt. Die Vielzahl der leisen Geräusche einer Nacht auf dem Land, von Vögeln, Fröschen oder Blättern, hört man hier nicht. Die Kegel der Vulkane sind ganz im Gegenteil die Brunnen tiefer Stille. Ein einziges Geräusch durchbricht die Nacht: das Surren des Motors, der das Teleskop so ausrichtet, dass sich ein bestimmtes Objekt auf seiner Himmelsbahn verfolgen lässt. Von Zeit zu Zeit kommt das Drehgeräusch der Kuppel hinzu, deren Öffnung, durch die das Licht ins Teleskop gelangt, ebenfalls dem beobachteten Objekt nachgeführt wird.

Dank meiner vielen Reisen zu den unterschiedlichsten Sternwarten der Welt habe ich schon einer großen Bandbreite nächtlicher Stille gelauscht. Am eindrucksvollsten ist die Stille der Wüste. Diese Erfahrung machte ich in der Sternwarte auf dem Kitt Peak, einem 2000 Meter hohen Berg in der Wüste von Arizona, inmitten eines Indianerreservats: Die Unermesslichkeit der Wüste verstärkt das Gefühl vom grenzenlosen Raum. »Die Nacht ist erhaben, der Tag ist schön«, sagte Immanuel Kant. Wenn die Nacht erhaben ist, dann, weil sie unsere Sinne schärft und uns mit dem Universum verbindet.

René Magritte, *L'Anneau d'Or* (Der goldene Ring) ▸

Magritte

Alle sind Kinder der Sterne

Die moderne Astrophysik macht uns die enge Verbindung des Menschen mit dem Universum deutlich: Ich bin aus Sternenstaub gemacht, genau wie alles andere Leben und die materielle Welt um mich herum. Wir alle bestehen aus Atomen, die zu Beginn des Universums, beim Big Bang, und in der Folgezeit von den Sternen geschaffen wurden. Die Wasserstoff- und Heliumatome, die beiden einfachsten und leichtesten in der Natur vorkommenden Elemente, die zusammen 98 % der Gesamtmasse aller »normalen« Materie des Universums ausmachen, bildeten sich in den ersten drei Minuten nach dem Urknall. Anfänglich konnten im Universum keine schwereren oder komplexeren Elemente entstehen, da seine Ausdehnung die Bestandteile der Materie (Protonen und Neutronen) stetig voneinander entfernte, sodass sie nicht aufeinandertreffen und fusionieren konnten. Doch hätte das Universum es dabei belassen, so gäbe es uns nicht, um diese Punkte hier zu erörtern. Die Doppelhelix der DNS, die unseren genetischen Code enthält, und die Hunderte Milliarden Neuronen unseres Gehirns bestehen aus sehr viel komplexeren Atomen als Wasserstoff und Helium.

Das Universum erfindet also die Sterne: Einige Hunderte Jahrmillionen nach dem Urknall bilden sich riesige Gaskugeln und fusionieren in ihrem dichten, heißen Inneren Protonen und Neutronen zu neuen, chemisch komplexeren Elementen wie Kohlenstoff, Sauerstoff und Stickstoff, die zusammen mit dem Wasserstoff über 90 % der Atome unseres Körpers ausmachen werden. Außerdem entstehen wichtige Elemente für unser Wohlergehen: Natrium, Magnesium und auch Kalzium. Doch sind die Sterne nicht in der Lage, die ganze Bandbreite der Elemente zu erschaffen: Das schwerste von Sternen erschaffene Element ist Eisen. Alles Schwerere stammt aus Supernovae, gewaltigen Explosionen, die mit dem Tod massereicher Sterne einhergehen, die mindestens das Zehnfache der Masse unserer Sonne besitzen und innerhalb weniger Tage so viel Energie freisetzen wie eine ganze Galaxie mit Hunderten Milliarden von Sternen. Bei diesem explosiven Sterben werden an die sechzig Elemente erzeugt. Gold und Silber, die Begleiter von Luxus und Reichtum, Quecksilber, wie es in Thermometern steckt, oder auch Uran, das die Atombomben in sich tragen. So sind wir alle Kinder der Sterne. Wir teilen alle die gleiche kosmische Genealogie, die bis in die Zeit vor 13,8 Milliarden Jahren zurückreicht. Als Brüder der Savannenlöwen und Cousins des Lavendels tragen wir in uns die gesamte Geschichte des Kosmos.

Das Foucault'sche Pendel

Die Astrophysik lehrt uns also, dass wir alle voneinander abhängen. Alles im Universum ist miteinander verbunden und zwingt uns, unsere gewohnten Vorstellungen vom Weltraum zu überwinden. Das Universum besitzt eine umfassende und unteilbare Ordnung, im Kleinsten wie im Größten. Ein berühmtes physikalisches Experiment mit dem Foucault'schen Pendel bestätigt uns dies. Der Physiker Léon Foucault (1819–1868) wollte nicht nur zeigen, dass das Universum unteilbar ist, sondern auch, dass die Erde sich um sich selbst dreht. Dafür entwarf er ein Experiment, das heute in vielen naturhistorischen Museen auf der ganzen Welt nachgebaut zu finden ist. Das Originalpendel war zunächst an der Gewölbedecke des Panthéon in Paris angebracht, heute ist es im Musée des Arts et Métiers in Paris ausgestellt. Dieses Pendel verhält sich bemerkenswert: Nachdem es zum Schwingen gebracht wurde, dreht sich seine Schwingungsebene von Stunde zu Stunde immer weiter. Gibt man ihm den ersten Impuls in Nord-Süd-Richtung, schwingt es nach einigen Stunden in Ost-West-Richtung. An den Erdpolen würde die Schwingungsebene des Pendels innerhalb von 24 Stunden einen vollen Kreis beschreiben. In Paris hingegen macht es aufgrund des niedrigeren Breitengrads pro Tag nur eine Teildrehung. Warum ändert sich die Schwingrichtung des Pendels überhaupt? Foucault fand die Antwort: Die Bewegung gibt es nur scheinbar. Die Schwingungsebene des Pendels bleibt unverändert, die Erde dreht sich. Mit dieser Erkenntnis ließ er es bewenden. Doch die Antwort ist unvollständig, da sich eine Bewegung nur im Verhältnis zu etwas beschreiben lässt, das sich selbst nicht bewegt. Eine Bewegung an sich gibt es nicht, es gibt sie nur im Verhältnis zu einem festen Bezugspunkt. So lautet das von Galilei entdeckte »Relativitätsprinzip«, das Einstein drei Jahrhunderte später zur Vollendung brachte.

Jeder Teil trägt in sich das Ganze

Die Schwingungsebene des Pendels ist gleichbleibend, aber gleichbleibend im Verhältnis zu welchem Fixpunkt? Welche Körper bestimmen sein Verhalten? Um die Antwort herauszufinden, richten wir die Schwingungsebene unseres Pendels auf ein bekanntes astronomisches Objekt aus. Sollte ein Himmelskörper für die Drehung der Schwingungsebene unseres Pendels verantwortlich sein, würde sie auf genau dieser uns bekannten Ebene bleiben.

Wäre die Pendelbewegung hingegen nicht von diesem Objekt bestimmt, würde es von dieser irgendwann abgelenkt. Richten wir also die Schwingungsebene des Pendels auf die Sonne aus. Beim täglichen Lauf unserer Sonne über den Himmel – einer scheinbaren, von der Erdrotation verursachten Bewegung – wirkt es so, als drehe sich die Schwingungsebene des Pendels, um ihrer Bewegung zu folgen. Bestimmt also die Sonne die Schwingungsebene unseres Pendels? Nein, da unser Zentralstern die Schwingungsebene nach einigen Wochen klar erkennbar wieder verlässt. Die nächstgelegenen Sterne, in vielen Lichtjahren Entfernung, tun nach einigen Jahren dasselbe. Die 2,3 Millionen Lichtjahre entfernte Andromedagalaxie zeigt etwas weniger Abdrift, verlässt die Schwingungsebene aber letztlich auch. Je weiter die untersuchten Objekte entfernt sind, umso länger bleiben sie auf der Ebene, und ihre Abdrift verringert sich gegen null. Nur wenn das Pendel auf die am weitesten entfernten Galaxienhaufen ausgerichtet ist, die sich in Milliarden Lichtjahren Entfernung am äußeren Rand des bekannten Universums befinden, driften diese im Verhältnis zur Schwingungsebene des Pendels nicht mehr ab.

Daraus lässt sich eine außerordentliche Schlussfolgerung ziehen: Das Foucault'sche Pendel passt sein Verhalten nicht den Einflüssen seiner direkten Umgebung, sondern der am weitesten entfernten Galaxien an, genau genommen dem gesamten Universum, da fast die Gesamtheit dessen sichtbarer Masse nicht in den nahen Sternen, sondern in den weit entfernten Galaxien liegt. Anders ausgedrückt wird das, was bei uns geschieht, in der Unendlichkeit des Kosmos bestimmt. Was sich auf unserem winzigen Planeten abspielt, hängt von der Gesamtheit der Strukturen des Universums ab.

»Die moderne Astrophysik macht uns die enge Verbindung des Menschen mit dem Universum deutlich: Ich bin aus Sternenstaub gemacht, genau wie alles andere Leben und die materielle Welt um mich herum.«

Die Andromedagalaxie in 2,3 Millionen Lichtjahren Entfernung ist die der Milchstraße nächste Spiralgalaxie.

Das Foucault'sche Pendel zwingt uns zu der Einsicht, dass es im Universum eine ganz andere Art der Interaktion gibt, als von der bekannten Physik beschrieben wird – eine Interaktion, die weder auf mechanischer Kraft noch auf Energieaustausch beruht und die das Universum zu einer Einheit verbindet. Jeder Teil trägt in sich die Gesamtheit, und der gesamte Rest ist von jedem einzelnen Teil abhängig. Anders gesagt: Alles ist verbunden.

Unser Glück hängt von dem der anderen ab

Gegenseitige Abhängigkeit besteht nicht ausschließlich im Bereich des unendlich Großen, sie bestimmt auch die Welt des unendlich Kleinen. Ein berühmtes Experiment, das sich Albert Einstein 1935 zusammen mit seinen Kollegen Boris Podolsky und Nathan Rosen ausgedacht hatte, zwingt uns, unsere hergebrachten Vorstellungen des subatomaren Raums zu überdenken. Fast fünfzig Jahre später zeigt das tatsächlich durchgeführte EPR-Experiment (benannt nach den Initialen der drei Physiker), dass zwei Lichtteilchen A und B, sogenannte »Photonen«, die in der Vergangenheit einmal interagiert haben (dann nennt man sie »verschränkt«), ein und derselben Realität angehören und sich stets streng korreliert verhalten, auch wenn sie getrennt wurden und sich an entgegengesetzten Enden des Universums befinden. Anders gesagt »weiß« ein Photon aus einem verschränkten Paar auch ohne irgendeine Form der Informationsübertragung zu jedem Zeitpunkt, was sein Partner gerade macht. Laut der klassischen Physik müssten sich die Photonen A und B jedoch vollkommen unabhängig voneinander verhalten, da sie zu weit voneinander entfernt sind, um über Lichtzeichen zu kommunizieren. Wie erklärt sich also die Tatsache, dass B zu jedem Zeitpunkt »weiß«, was A macht? Dieses Phänomen wird verständlicher, wenn wir annehmen, dass die Realität parzelliert und auf jedem der Photonen lokalisiert ist. Das Paradoxon löst sich auf, wenn wir sagen, die Photonen A und B, die in der Vergangenheit interagiert haben, gehören ein und derselben Realität an, egal wie weit sie voneinander entfernt sind, sogar an entgegengesetzten Enden des Universums. A muss B überhaupt kein Signal schicken, da beide ein und derselben Realität angehören. Beide Photonen bleiben über eine rätselhafte Wechselwirkung in ständiger Verbindung. Das EPR-Experiment spricht dem Weltall somit Ganzheitlichkeit zu. Die Vorstellung von Lokalität geht verloren: Begriffe wie »hier« und »dort« sind obsolet, da »hier« und »dort« identisch sind. Die Physiker nennen das die »Non-Separabilität« des Raums.

Zu wissen, dass wir alle aufeinander angewiesen und miteinander durch Raum und Zeit verbunden sind, zieht hinsichtlich unseres Empfindens von Mitleid und Empathie weitreichende ethische Folgen nach sich. Die Trennung, die unser Geist zwischen »mir« und »den anderen« zieht, ist nur eine Illusion; unser Glück hängt von dem der anderen ab. Die großartige Geschichte unseres gemeinsamen Ursprungs, die sich schon über 14 Jahrmilliarden erstreckt, sollte unseren Sinn universeller Verantwortung schärfen, sollte uns ermuntern, mit vereinten Kräften die Probleme von Armut, Hunger, Krankheit und aller anderen Übel anzugehen, die die Menschheit und den Planeten bedrohen. Sie sollte zum Bindeglied zwischen allen Menschen guten Willens werden.

Das gesamte Universum ist in einem Sandkorn enthalten, da man zur Erklärung der einfachsten Phänomene

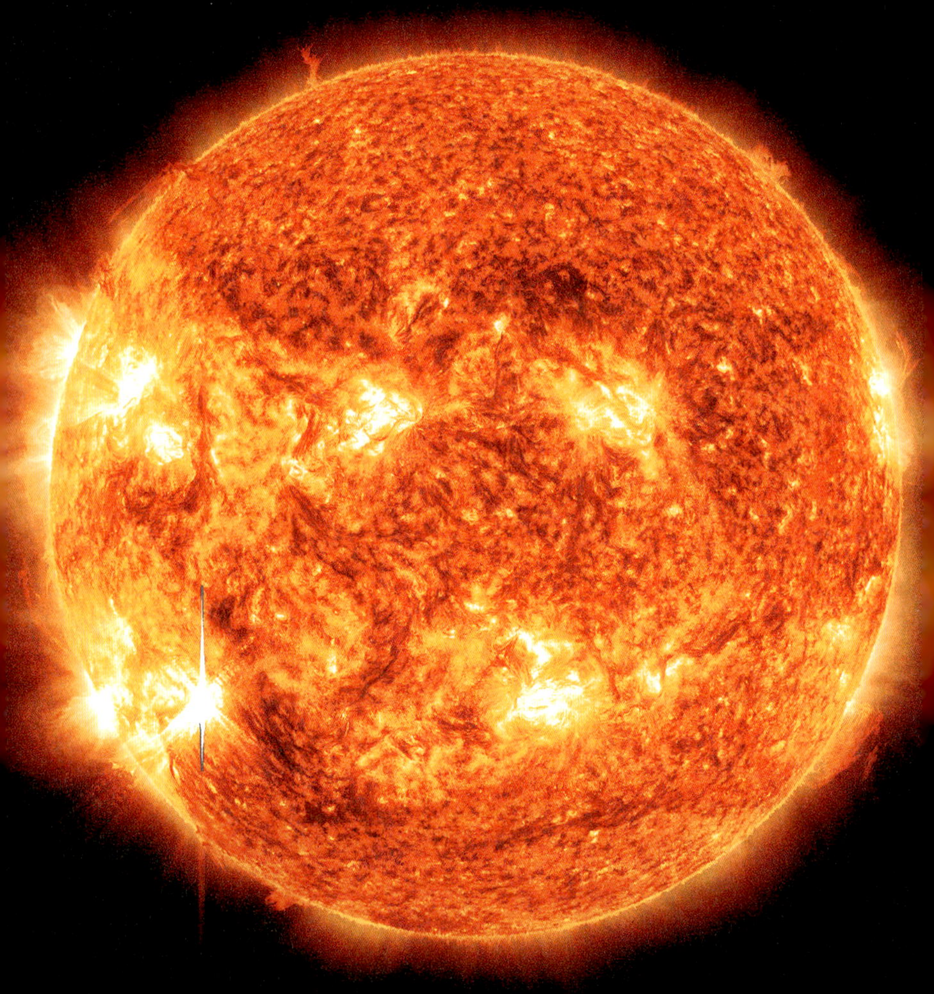

»Die Sonne ist eine riesige Gaskugel
mit dem 109-fachen Radius der Erde.«

gleich die Geschichte des ganzen Kosmos heranziehen muss.

Die Welt zu sehn im Korn aus Sand
Das Firmament im Blumenbunde
Unendlichkeit halt in der Hand
Und Ewigkeit in einer Stunde

William Blake,
Weissagungen der Unschuld[17]

Die Unbeständigkeit der Welt

In die Stille der Nacht gehüllt, unter dem sternenfunkelnden Himmel, überkommt mich ein großes Gefühl von Frieden und Sanftheit. Weit entfernt vom Lärm und Trubel der Welt, der ständigen Betriebsamkeit, die unser heutiges Leben bestimmt. Die Sterne erscheinen wie Symbole für Dauer und Beständigkeit. Sie verbinden uns mit einer Art von Ewigkeit. Doch ist dieser Eindruck von Beständigkeit trügerisch. Die moderne Kosmologie lehrt uns im Gegenteil, dass das Universum keinesfalls unveränderlich ist, sondern in ständigem Wandel begriffen. Seit es vor 13,8 Milliarden Jahren in einer fantastischen Explosion aus einem extrem kleinen, heißen und dichten Kern entstand, breitet sich das Universum unablässig aus und kühlt ab. In jedem Augenblick entsteht neuer Raum zwischen den Galaxienhaufen, die sich immer weiter voneinander entfernen wie die Rosinen in einem aufgehenden Kuchen. Seit der Urknalltheorie wissen wir, dass unser Universum eine Vergangenheit, eine Gegenwart und eine Zukunft hat und eines Tages in Eiseskälte sterben wird. Doch nicht nur das Universum befindet sich in ständiger Evolution, auch alles, was es enthält. Von den Planeten zu den Sternen, von den Galaxien bis zu den Galaxienhaufen – alles verändert sich. Sterne werden geboren, leben und sterben; nur umfasst ihr Lebenskreislauf nicht wie beim Menschen ein kurzes Jahrhundert, sondern Millionen, wenn nicht Milliarden von Jahren. Die Sonne befindet sich beispielsweise gerade in der Mitte ihres Lebens: Sie wurde vor 4,5 Milliarden Jahren geboren und wird auch in etwa 4,5 Milliarden Jahren sterben. Weil diese Zeiträume unvorstellbar lang sind, haben wir den Eindruck, nichts im Universum ändere sich, woher auch das Gefühl von der Beständigkeit des Himmels rührt. Sogar große Geister wie Aristoteles sind darauf hereingefallen. Der Philosoph dachte, der Himmel wäre der Aufenthaltsort Gottes und könnte deshalb nur vollkommen sein. Da das Vollkommene sich nicht verbessern lasse, könnte sich am Himmel auch nichts verändern. Das Ansehen des Griechen war so groß, dass sich die Vorstellung eines unveränderlichen Himmels noch etwa zwanzig Jahrhunderte halten sollte.

Nicht nur, dass sich alles verändert, alles bewegt sich auch. Alle Strukturen des Universums – Planeten, Sterne, Galaxien und Galaxienhaufen – sind als Teil eines immensen kosmischen Balletts in ständiger Bewegung. Und doch scheint sich in der nächtlichen Landschaft um mich herum nichts zu rühren. Es herrschen Ruhe und Beschaulichkeit. Zugleich spüre ich, dass die Erde mich einlädt, in ihrem Reigen mitzutanzen. Mit 0,436 km/s wirbelt mich ihre Eigendrehung herum. Außerdem trägt sie mich mit 30 km/s auf ihrer jährlichen Umlaufbahn um die Sonne herum. Diese wiederum zieht mit einer Geschwindigkeit von 220 km/s die Erde auf ihrer Reise um die Milchstraße mit sich fort. Und die Milchstraße jagt, angezogen von der Gravitation der Andromedagalaxie, mit 90 km/s auf diese zu. Doch damit nicht genug. Die Lokale Gruppe, zu der unsere Galaxie und die Andromedagalaxie gehören, bewegt sich mit etwa 600 km/s durch das All, angezogen von den Gravitationskräften des Virgo-Galaxienhaufens und des Superhaufens, der unserem lokalen Superhaufen am nächsten ist, nämlich der Hydra-Centaurus-Superhaufen. Auch dieser rast auf eine Ansammlung von Dutzenden Milliarden Galaxien zu, die »Großer Attraktor« genannt wird. Nichts im Weltall ist unbeweglich. Die Gravitation führt dazu, dass alle Strukturen im Universum, Sterne und Galaxien, sich anziehen und aufeinander zu »fallen«. Zu diesen Fall-Bewegungen kommen die allgemeinen, vom Urknall ausgelösten Expansionsbewegungen hinzu. Aristoteles' statischen und unbeweglichen Himmel gibt es nicht mehr. In der Welt des unendlich Großen herrschen immer und überall Unbeständigkeit, Veränderung und Verwandlung.

Elementarteilchen und Neutrinos

In der Welt des unendlich Kleinen sieht es nicht anders aus. Auch dort herrscht fortwährender Wandel. Die Elementarteilchen können ihre Beschaffenheit ändern. Ein freies Neutron, das in keinem Atomkern festsitzt, verwandelt sich beispielsweise nach einer Viertelstunde unter Absonderung eines Elektrons und eines Antineutrinos (das Gegenteilchen des Neutrinos) in ein Proton. Außerdem kann Materie auch zu reiner Energie werden und sich in Antimaterie aufheben. Andersherum kann Energie sich in Materie verwandeln. Der uns umgebende Raum ist nicht leer, sondern wimmelt von einer unvorstellbaren Anzahl Teilchen und Antiteilchen, sogenannter virtueller Teilchen, mit einem geisterhaften, kurzlebigen Dasein. Sie entstehen und verschwinden in Lebenszyklen mit einer infinitesimalen Dauer von 10–43 Sekunden und sind somit der Inbegriff von Unbeständigkeit. Doch im Raum um uns herum befinden sich nicht nur virtuelle Teilchen. Auch ganz und gar reelle Teilchen schießen durch meinen Körper hindurch, ohne dass ich mir dessen bewusst würde. Während ich den Nachthimmel bewundere, durchqueren mich in Sekundenschnelle Hunderte Milliarden von Teilchen, die wir Ur-Neutrinos nennen und die aus den ersten Momenten des Universums stammen. Neutrinos besitzen keine elektrische Ladung, nur sehr wenig Masse (unter dem Millionstel der Masse eines Elektrons) und reagieren fast gar nicht mit der normalen Materie – dieser Mischung aus Protonen, Neutronen und Elektronen, aus der unsere Körper und die Gegenstände um uns herum gemacht sind –, sodass sie auch dichte und schwere Objekte durchqueren, als gäbe es sie gar nicht. Einige kommen aus dem Weltall über mir, aber andere stammen von der anderen Seite unseres Planeten und haben das ganze Erdinnere durchquert, bevor sie hier auf dem Gipfel des Mauna Kea unter meinen Füßen aus dem Stein geschossen kommen.

Fasziniert von den besonderen Eigenschaften der Neutrinos verfasste der amerikanische Schriftsteller John Updike (1932–2009) ihnen zu Ehren ein Gedicht mit dem Titel Cosmic Gall.

Buddhistische Weisheit

Mein Nachdenken über die gegenseitige Verbundenheit und den dauernden Wandel der Welt hat mich zu Glaubenstraditionen geführt, die mich geistig nähren und weiterhin leiten: zum Taoismus und Buddhismus. Die Vorstellung von fortwährender Unbeständigkeit, von unaufhörlicher Wandlung der Naturphänomene tauchte in China schon im ersten Jahrtausend vor der christlichen Zeitrechnung im Yi King oder dem Buch der Verwandlungen auf, einer Sammlung jahrtausendealter chinesischer Weisheit. Im Taoismus, wie er in Lǎozǐs Dàodéjīng ausgelegt wird, dem Buch vom Weg und der Wahrheit, entfaltet sich das Universum dank des Uratems, des *chi,* der die weltschöpfende Leere des Universums füllt. Der Begriff der Unbeständigkeit ist auch im Buddhismus grundlegend: In jedem noch so kurzen Augenblick verändern und verwandeln sich die Dinge und Wesen, die uns umgeben. Veränderung ist unvermeidlich, da das Universum nicht aus festen, eigenständigen Einheiten besteht, sondern aus dynamischen Strömen in ständigem Wandel und Austausch.

Für Buddha begründet sich die Unbeständigkeit der Welt im leeren Wesen der Dinge. »Leeres Wesen« ist hier nicht mit »Nichts« gleichzusetzen, sondern mit »Abwesenheit eigenständiger Existenz«. Der Gedanke der Nichtigkeit geht unmittelbar auf eine andere grundlegende Vorstellung des Buddhismus zurück, nämlich die der Interdependenz, der gegenseitigen Abhängigkeit aller Phänomene, laut derer nichts aus sich selbst heraus bestehen oder sein eigener Daseinsgrund sein kann. Die Phänomene bestehen nicht für sich, sondern sind das Ergebnis gegenseitiger Abhängigkeit.

Du infiltrierst uns ohne Wahl,
Dringst messerscharf, doch ohne Qual
Durch unsre Köpfe in das Gras
Triffst nachts die Erde bei Nepal.
Hat man mit seinem Liebchen Spaß,
Fährst du durchs Bett, und alles das
Soll komisch sein? Ich nenns brutal.

John Updike,
Cosmic Gall[18]

◂ Odilon Redon, *Buddha*

KLEINER EXKURS

Die Nacht ist auch die Zeit der Ängste

> Lange sah man die Nacht als Parenthese, als einen Moment des Stillstands, in dem für die meisten Bewohner des Abendlands, abgesehen von der Suche nach Erholung, nichts passierte und nichts passieren sollte. Diese notwendige Untätigkeit kam Übeltätern und anderen zwielichtigen Gestalten sehr gelegen, die sich der Nacht bemächtigten und sie zur bevorzugten kriminellen Sphäre für einige wenige machten.
>
> Alain Cabantous,
> *Histoire de la nuit* (Geschichte der Nacht)

Goya, *Saturn verschlingt eines seiner Kinder*

Komm, dichte Nacht,
Und mäntle dich in düstern Höllendampf!
Dass nicht mein Mordstahl sehe, wo er trifft,
Noch durch den Flor der Himmel schau', und rufe:
»Halt! halt!«

Shakespeare,
Macbeth[19]

Vampire sind per definitionem Kreaturen der Nacht. In den mitteleuropäischen und orientalischen Legenden dürfen sie ihren Sarg erst nach Sonnenuntergang verlassen und müssen unbedingt vor dem ersten Hahnenschrei wieder in diesen zurückgekehrt sein. Tageslicht ist für sie tödlich.

Jean Marigny,
Dictionnaire littéraire de la nuit
(Literarisches Lexikon der Nacht)

Edvard Munch, *Der Tanz des Lebens*

Das Chaos zeugte die Nacht, und die Nacht gebar alle Kräfte des Bösen. Das sind zunächst der Tod, die Parzen, die Keren, der Mord, das Gemetzel, das Gemetzel. [...]

Alle diese finsteren Frauen nun werfen sich auf das Universum und machen aus dem harmonischen Raum einen Ort des Schreckens, des Verbrechens, der Vergeltung und Unaufrichtigkeit.

Jean-Pierre Vernant,
Götter und Menschen: Griechische Mythen neu erzählt[20]

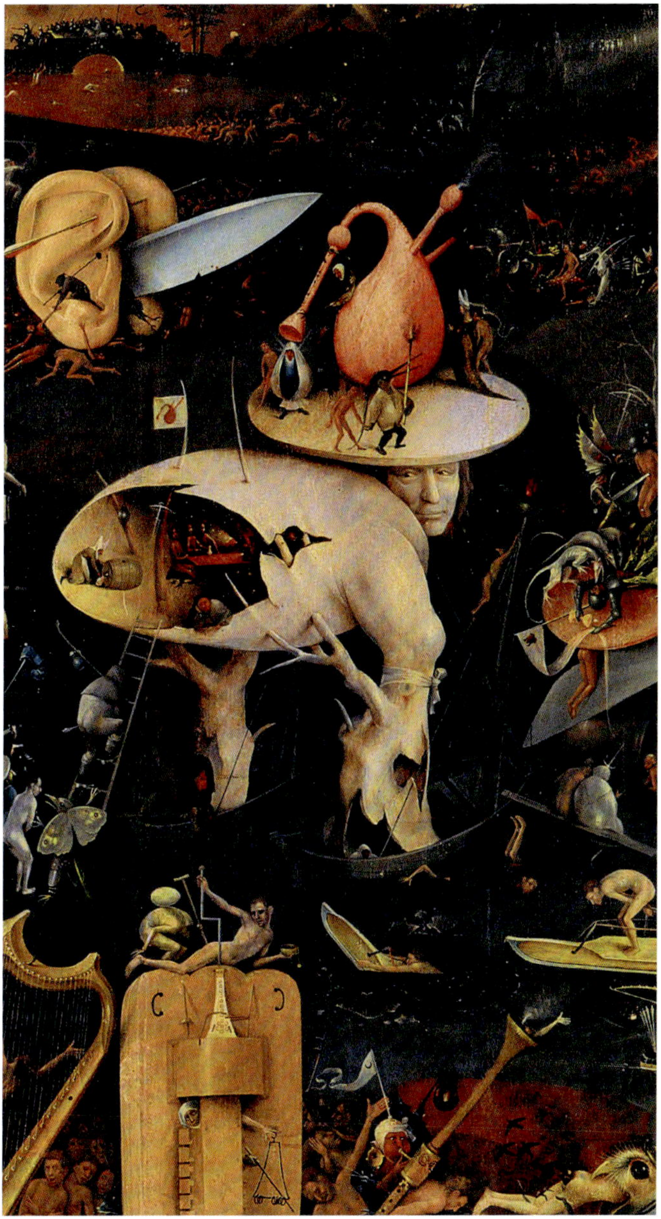

Hieronymus Bosch, *Die Hölle* (Detail)

3
Die Nacht geht zur Neige

Nachts lüge ich
Ich nehme Züge über die Ebene
Nachts lüge ich
Ich wasche meine Hände in Unschuld
Ich habe in den Stiefeln noch Berge von Fragen
Wo dein Echo weiterhallt.

Alain Bashung,
La nuit je mens (Nachts lüge ich)

Jetzt ist es zwei Uhr in der Frühe. Für meine Beobachtungen bleiben nur noch dreieinhalb Stunden vollständige Dunkelheit. Ich gehe in die kleine Küche neben dem Beobachtungsraum, mache mir Tee, esse zwei hart gekochte Eier und etwas Obst. So bekomme ich wieder Energie und bekämpfe Müdigkeit und Schlaf. Alle Sternwarten sind mit einem Kühlschrank und einer kleinen Küchenecke ausgestattet, damit sich die Astronomen im Laufe der Nacht einen Happen zubereiten können. Die erste Beobachtungsnacht ist für den Organismus immer besonders anstrengend. Außerdem steigern Höhenlage und Sauerstoffmangel die Müdigkeit zusätzlich. Die Wach- und Schlafzyklen sind hier oben vollkommen umgekehrt: Ich arbeite die ganze Nacht und lege mich schlafen, wenn die Sonne aufgeht.

Warum ist es nachts dunkel?

Welches Glück wir doch haben, dass die Nacht uns ihre Sterne und Galaxien zeigt, die ohne die Dunkelheit für immer unsichtbar blieben. Wir finden es ganz selbstverständlich, dass Tag und Nacht sich abwechseln und dass, sobald die Sonne unter dem Horizont versunken ist, Dunkelheit herrscht. Dennoch ist der Umstand, dass es nachts dunkel wird, gar nicht so selbstverständlich. Die scheinbar naive Frage, wie Kinder sie ihren Eltern stellen – worauf diese genervt reagieren, da sie die Antwort nicht wissen –, stellte auch die größten Geister vor eine Herausforderung. Die Antwort steht teilweise in Zusammenhang mit dem Ursprung des Universums selbst.

Kepler

Der deutsche Astronom Johannes Kepler (1571–1630), der zuvor bereits das Geheimnis der Planetenbewegungen gelüftet hat, ist der Erste, der 1610 diese Frage zumindest teilweise beantwortet. Nehmen wir einmal an, argumentierte er, das Universum sei unendlich. Ein solches Universum enthielte eine unendliche Anzahl von Sternen mit der Leuchtkraft der Sonne. Da die Sternenanzahl unendlich ist, müsste unser Blick, so wir ihn zum Himmel richten, immer auf die Oberfläche eines Sterns treffen, genau wie er inmitten eines dichten Waldes unweigerlich auf einen Baumstamm fällt. Dies würde bedeuten, dass die sternenhelle Nacht genauso lichtstark sein müsste wie der Tag und dass der Nachthimmel, wenn die Sonne die andere Seite der Erde anstrahlt, auch taghell sein müsste. Anders gesagt dürfte es keinen Unterschied zwischen Tag

Mondaufgang ▸

und Nacht geben – es wäre immer hell. Dem ist aber nicht so. Kepler hat daraus abgeleitet, dass das Universum nicht unendlich groß ist und auch keine unendliche Anzahl von Sternen enthält.

Doch dabei bleibt es nicht. Die Vorstellung eines unendlichen Universums kommt 1687 wieder zur Geltung, als der englische Physiker Isaac Newton (1642–1727) sein Gravitationsgesetz postuliert.

Da die Gravitationskraft eine unendliche Reichweite habe, besäße auch das Universum laut Newton eine unendliche Ausdehnung. Denn hätte das Universum Grenzen, argumentiert der Physiker, müsste es in seiner Mitte eine besondere zentrale Stelle geben. Alle Teile des Universums müssten unter dem Einfluss der Gravitation logischerweise in dieses Zentrum zusammenstürzen und dort eine große zentrale Masse bilden – doch lässt sich genau das Gegenteil beobachten. Newton schlussfolgert daraus, dass das Universum unendlich sein muss, was jedoch wieder das Paradoxon der dunklen Nacht aufs Tapet bringt. Also wurden andere Erklärungen entwickelt. Am bemerkenswertesten war die des deutschen Mediziners und Hobbyastronomen Heinrich Olbers (1758–1840); der stellte 1823 die Vermutung auf, das Licht der Sterne würde auf seinem Weg durch den Weltraum absorbiert und so weit in seiner Intensität abgeschwächt, dass die Nacht dunkel wäre. Doch funktioniert diese Erklärung schon aus dem einfachen Grund nicht, dass kein Licht verloren geht: Alles absorbierte Licht wird auch wieder abgegeben. Das Rätsel der dunklen Nacht, heute bekannt als das »Olbers'sche Paradoxon«, blieb ungelöst.

Das Schicksal des Universums

Die richtige Antwort kam 1848 unerwarteterweise aus dem literarischen Werk des amerikanischen Dichters Edgar Allan Poe (1809–1849). Den genialen Erfinder des Kriminalromans faszinierte auch die Kosmologie. In seinem blitzgescheiten Prosagedicht Heureka (1848) beweist er eine gute Intuition, als er eine radikal neue Lösung des Paradoxons von der dunklen Nacht in den Raum stellt: »Wäre die Aufeinanderfolge von Sternen endlos, dann müßte der Hintergrund des Himmels uns das Bild einer gleichmäßigen Lichtfläche bieten, wie es die Milchstraße tut, *denn es könnte in diesem ganzen Hintergrund absolut keinen Punkt geben, wo nicht ein Stern wäre*. Die einzige Art daher, durch die es unter solchen Umständen möglich wäre, es uns begreiflich zu machen, warum unsere Fernrohre in unzähligen Richtungen leere Stellen finden, wäre die Annahme, der unsichtbare Hintergrund sei so unermeßlich weit entfernt, daß noch kein Strahl von ihm imstande war, uns zu erreichen.«[21]

Poe nimmt hier an, dass es die dunkle Nacht nicht deshalb gibt, weil das Universum räumlich beschränkt wäre, sondern, wie auch Kepler schon meinte, zeitlich. In anderen Worten: Das Universum ist also nicht ewig, sondern hatte einen in der Vergangenheit liegenden Beginn. Der Vater des Kriminalromans hatte verstanden, dass das Licht, selbst wenn es sich mit der größtmöglichen Geschwindigkeit durchs Universum bewegte – mit 300 000 Kilometern pro Sekunde –, bis zu unseren Teleskopen doch einige Zeit benötigte. Wir entdecken die Himmelskörper also immer verspätet, wobei die Verzögerung umso größer wird, je weiter die Objekte entfernt sind. Jenseits einer gewissen Entfernung übersteigt die Zeit, die das Licht bis zu uns benötigt, das Alter des Universums ... und wir sehen nichts mehr. Der Himmel ist dunkel. Weil der Kosmos zeitlich begrenzt ist, hatte das Licht der entferntesten Himmelskörper noch nicht ausreichend viel Zeit, um bis zu uns zu gelangen. Poe hatte den Schlüssel zum Rätsel der dunklen Nacht entdeckt.

Doch bedienen sich die Wissenschaftler für ihre Theorien üblicherweise anderer Inspirationsquellen als der Dichtung, und Poes Erklärung blieb über ein Jahrhundert hinweg unbeachtet. Erst nachdem sich 1965 die Urknalltheorie durchsetzte, bekam die Vorahnung des Dichters eine wissenschaftliche Grundlage. Der Urknall bezeichnet den Anfangsmoment des Universums, das vor 13,8 Milliarden Jahren mit einer gewaltigen vorzeitlichen Detonation aus einem extrem kleinen, heißen und dichten Zustand hervorging. Weil das Universum also einen zeitlichen Anfang

Das uns zugängliche Universum

Da sich das Alter des Universums auf 13,8 Milliarden Jahre beläuft, könnte man annehmen, dass der Radius des beobachtbaren Universums 13,8 Millionen Lichtjahre beträgt. Zwar entspricht die Entfernung eines Himmelskörpers in Lichtjahren numerisch der Zeit, die das Licht benötigt, um zu uns zu gelangen, doch gilt dies nur für ein statisches Universum. Dies trifft nicht mehr zu, wenn sich das Universum in Ausdehnung befindet, wie es ja der Fall ist. In einem sich ausdehnenden Universum befindet sich eine Galaxie, die zuvor 13,8 Milliarden Lichtjahre entfernt war, mittlerweile in einer Entfernung von 47 Milliarden Lichtjahren. Der Umkreis des beobachtbaren Universums liegt also bei 47 Milliarden Lichtjahren.

hat und die Ausbreitung des Lichts mit einer gewissen Verzögerung erfolgt, können wir es nicht in seiner Gesamtheit beobachten. So wie die Seeleute an Bord ihres Schiffs nichts sehen, was hinter dem Horizont liegt, können die Astronomen nichts betrachten, was sich jenseits einer gewissen Entfernung befindet. Auch wenn das Universum räumlich keine Grenzen hat, konnte uns bisher doch nur das Licht von Sternen und Galaxien erreichen, die innerhalb eines bestimmten Beobachtungshorizonts mit dem Radius von 47 Milliarden Lichtjahren liegen – innerhalb des sogenannten »beobachtbaren Universums«.

Die nächtliche Dunkelheit bringt uns also einige Erkenntnisse. Immer wenn ich die Stille der Nacht genieße, kommt mir der Gedanke, dass sie den Anfang des Universums in sich trägt.

Das große kosmische Gemälde

Angesichts der unzähligen hell funkelnden Lichtpunkte am Firmament wandern meine Gedanken zu der fantastischen kosmischen Architektur, die die Astronomen im Laufe der letzten Jahrzehnte durch langes und ausdauerndes Vermessen des Himmels erkannt haben. Außerhalb der fest definierten Sternbilder erscheinen die Tausende mit bloßem Auge am Nachthimmel sichtbaren Sterne recht wahllos verteilt. Doch dieser Eindruck trügt. Er rührt daher, dass wir das Universum am Himmelsgewölbe wie auf einem zweidimensionalen Gemälde wahrnehmen, dessen Maler alle Regeln der Perspektive außer Acht gelassen hat. Damit wir die imposante Architektur des Kosmos bewundern können, ist es an den Astronomen, die Tiefe des Universums zu vermessen und die Ab-

Die Tiefen des Alls, fotografiert vom Weltraumteleskop Hubble

»In einem ganz kleinen Ausschnitt des Himmels lassen sich bereits 10 000 Galaxien zählen, von denen einige am äußersten Rand des beobachtbaren Universums liegen.«

stände zwischen den Himmelskörpern in dreidimensionaler Weise darzustellen, insbesondere der Objekte, die grundlegend die Struktur des Universums bestimmen: der Galaxien. Dank Edwin Hubble (1889–1953) verfügen die Astronomen heute über Techniken, die Entfernungen von Galaxien zu messen. Hubble war es auch, der entdeckt hat, dass sich das Universum in Ausdehnung befindet. Im Zuge dieser Ausdehnung bewegen sich weit entfernte Galaxien von der Milchstraße weg und das von ihnen empfangene Licht ist rötlich verfärbt. Je weiter entfernt die Galaxie ist, desto stärker ist die farbliche Verschiebung. Die Astronomen müssen also lediglich mit einem Spektrometer das Licht einer Galaxie zerlegen und dessen Verschiebung ins Rötliche messen, um ihre Entfernung beziffern zu können.

Nach langjähriger Vermessung des Kosmos, die bereits Mitte der 1970er-Jahre begonnen wurde, kennen die Astronomen heute die Entfernungen von über einer Million Galaxien, was im Gesamtbild eine höchst überraschende kosmische Landschaft ergibt.

Flächen und Filamente

Die Galaxien, Zusammenschlüsse aus Hunderten Millionen von der Gravitation zusammengehaltener Sterne, sind nicht zufallsbestimmt im Weltraum verteilt. Sie schließen sich gern zusammen. Dieser Herdentrieb erklärt sich aus der Gravitationskraft, mit der auch die Galaxien sich gegenseitig anziehen. Die kosmische Architektur weist eine fantastische Hierarchie der Strukturen auf. Wenn die Galaxien hundert Milliarden Lichtjahre große Häuser sind, in denen die Sterne wohnen, dann sind die Galaxiengruppen, zu denen sich einige Dutzend Galaxien zusammengetan haben, die Dörfer des Universums. Unsere Milchstraße gehört demnach zur Lokalen Gruppe, der neben unserer Galaxie die Andromedagalaxie und noch etwa dreißig kleinere und masseärmere Zwerggalaxien angehören. Die Lokale Gruppe erstreckt sich über ungefähr zehn Millionen Lichtjahre. Doch gibt es noch sehr viel größere Zusammenschlüsse. Galaxienhaufen, die einige Tausend Galaxien in sich vereinen, erstrecken sich über 60 Millionen Lichtjahre. Dies sind die Provinzstädte des Universums. Die kosmische Architektur geht aber noch weiter. Wenn sich fünf oder sechs Galaxienhaufen zusammentun, bilden sie einen Superhaufen, der bis zu zehntausend Galaxien umfasst und sich über 200 Millionen Lichtjahre erstreckt. Unsere Lokale Gruppe gehört somit zum Lokalen Superhaufen, der noch zehn weitere Gruppen und Haufen in sich versammelt. Die Supergalaxienhaufen vereinen sich ihrerseits zu gewaltigen flächigen Strukturen, zu Filamenten und Galaxiemauern, die sich bis zum Ende der Sichtbarkeit über Hunderte Millionen Lichtjahre erstrecken und die äußere Begrenzung von riesigen Leerräumen bilden, in denen man über Hunderte Millionen Lichtjahre hinweg auf keine noch so kleine Galaxie trifft. In der Dunkelheit der Nacht zeichnen die Galaxien vor unseren erstaunten Augen ein riesiges kosmisches Netz. Die Superhaufen aus Flächen, Filamenten und Wänden bilden dabei das »Garn«, die Haufen mit der größten Dichte die »Knoten« und die großen Hohlräume die »Maschen«.

Angesichts dieses riesigen kosmischen Gebildes sind die Ärgernisse des Alltags, die uns manchmal unendlich wichtig erscheinen, doch klein und nichtig. Die fein gesponnene Architektur des Sternenhimmels lädt uns ein, etwas Abstand zu nehmen.

»Im Dunkel der Nacht zeichnen die Galaxien ein riesiges kosmisches Netz aus Licht.«

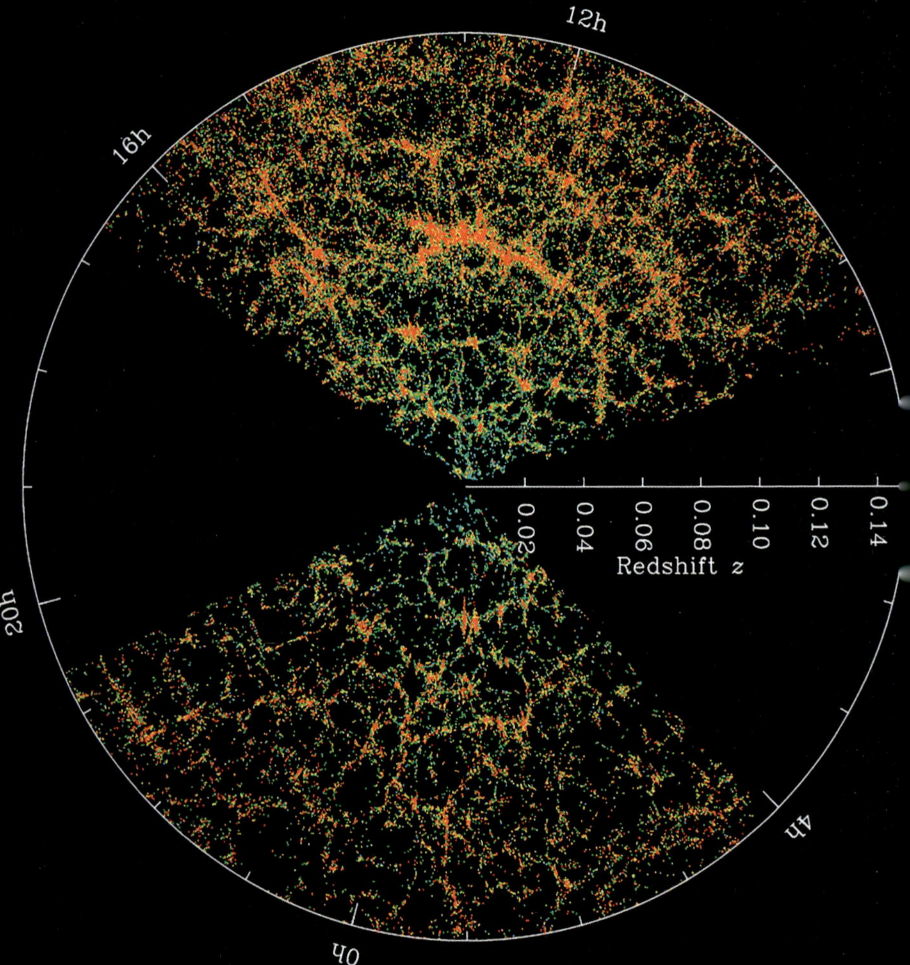

Da steht er nächtens auf und hat den Ruf
des Vogels draußen schon in seinem Dasein
und fühlt sich kühn, weil er die ganzen Sterne
in sein Gesicht nimmt, schwer –, o nicht wie einer,
der der Geliebten diese Nacht bereitet
und sie verwöhnt mit den gefühlten Himmeln.

Rainer Maria Rilke,
Spanische Trilogie II[22]

Feuer und Eis

Wird es auf der Erde die Aufeinanderfolge von Tag und Nacht immer geben? Solange die Sonne aktiv ist, ja. In 4,5 Milliarden Jahren wird sie ihren Brennstoff Wasserstoff aufgebraucht haben und beginnt dann, ihr Helium und ihren Kohlenstoff zu verbrennen. Durch den neuen Brennstoff wird sie sich übermäßig aufblähen – bis auf das Hundertfache ihrer derzeitigen Größe. Gleichzeitig verfärbt sie sich ins Rötliche: Sie wird zu einem roten Riesen. Ihre brennende Außenhülle verschlingt Merkur und Venus. Für die Erdbewohner nimmt die rote Sonnenscheibe einen großen Teil des Himmels ein. Tage und Nächte werden heiß. Die Erdatmosphäre verflüchtigt sich, die Meere verdunsten, Dschungel verbrennt, Stein verdampft. Leben ist nicht mehr möglich. Der Menschheit bleibt nur die Massenflucht auf einen großen Asteroiden am Rande des Sonnensystems, um sich in milde Temperaturen zu retten. Die Phase des Roten Riesen dauert ungefähr 200 Millionen Jahre an. Nachdem die Sonne dann allen atomaren Brennstoff verbraucht hat, fällt sie in sich zusammen und

◂ Diese Karte des uns umgebenden Kosmos zeigt die von der Gravitationskraft geschaffene kosmische Architektur. Die Erde befindet sich im Zentrum des Kreises und jeder verzeichnete Punkt entspricht einer Galaxie.

stirbt. Übrig bleibt nur ein sogenannter »Weißer Zwerg«: »Zwerg«, weil der Durchmesser dieser Sternenleiche nur 10 000 Kilometer beträgt, also 70 Mal kleiner ist als der aktuelle Sonnendurchmesser, und »Weißer« wegen des weißen Lichts, das ihre 30 000 Grad heiße Oberfläche abstrahlt. Bei ihrem Tod verliert die Sonne ihre Leuchtkraft, sodass sie als Weißer Zwerg um ein 10 000-Faches schwächer strahlt als im derzeitigen Zustand. Der Weiße Zwerg kühlt sich über Milliarden Jahre langsam ab und leuchtet zunehmend weniger – am Ende aus Mangel an Energie gar nicht mehr. Damit gesellt sie sich zu den unzähligen unsichtbaren Sternenleichen, Schwarzen Löchern und Neutronensternen, die überall den galaktischen Äther bevölkern.

Unsere Nachfahren, falls sie auf der Erde geblieben sind, werden auch tagsüber kein Licht mehr sehen, nur noch Dunkel. Um zu überleben, müssten sie zu einem anderen Stern aufbrechen, der ihren Energiebedarf decken kann.

Auf sehr lange Sicht, in ungefähr 100 000 Milliarden Jahren, wenn das Universum ungefähr 10 000 Mal so alt sein wird wie heute, erlöschen auch die letzten Sterne, da sie all ihren nuklearen Brennstoff verbraucht haben. Die

Toter Stern

Wenn Sterne sterben, hinterlassen sie, abhängig von ihrer Masse, drei unterschiedliche Arten von Sternenleichen: Weiße Zwerge, wenn der Stern eine Masse von weniger als der 1,4-fachen Masse unserer Sonne hatte; Neutronensterne, wenn die Sternmasse zwischen der 1,4- bis 5-fachen Masse der Sonne lag; oder Schwarze Löcher, wenn seine Masse mindestens fünf Mal so groß wie die der Sonne war.

Galaxien hören auf zu leuchten, all ihre Vorräte an gasförmigem Wasserstoff sind erschöpft und auch neue Sterne können sie nicht mehr bilden. Die wunderbare Alchemie der Sternschöpfung endet für immer. Das Universum fällt in eine lange Nacht. Doch dauert diese Nacht bis ans Ende aller Zeiten an, oder endet das Universum in einer apokalyptischen Apotheose aus Licht und Feuer, sodass auf Eiseskälte eine höllische Hitze folgt? Die Zukunft des Universums wird es zeigen.

Die moderne Kosmologie sagt uns, dass die weitere Entwicklung von der Krümmung des Raums abhängt. Diese kann positiv, neutral oder negativ sein. Die allgemeine Relativitätstheorie lehrt uns, dass ein Universum mit positiver Raumkrümmung wie eine Kugel – wobei der Vergleich nicht hundertprozentig zutrifft, da die Oberfläche einer Kugel zweidimensional ist, der Weltraum allerdings dreidimensional, doch kann er zumindest unserem Vorstellungsvermögen helfen – zwangsläufig in einem brennenden Inferno endet. Seine Expansionsgeschwindigkeit wird unter der bremsenden Einwirkung der Gravitation immer weiter abnehmen. Irgendwann erreicht es seine Maximalausdehnung, danach lässt die Gravitation es in sich selbst zusammenfallen. Beim Zusammenziehen wird das Universum zunehmend heißer und dichter. Anstatt sich voneinander zu entfernen, wie sie es momentan tun, nähern sich die Galaxien immer weiter an, verschmelzen und verlieren ihr derzeitiges Erscheinungsbild. Die Sterne vergehen in fantastischen Fontänen von Elementarteilchen. Das Universum findet annähernd zurück zum Aussehen seiner Kinderstube: ein Ozean aus Licht- und Masseteilchen und deren Antiteilchen, ganz wie in den ersten Sekundenbruchteilen seines Daseins, durchzogen von zahlreichen Schwarzen Löchern, den Überbleibseln massereicher Sterne. Das Universum stirbt in einer Art rückwärtslaufendem Big Bang, dem sogenannten Big Crunch.

Dagegen würde sich ein Universum mit negativer Raumkrümmung, ähnlich der Form eines Pferdesattels, auf unendliche Zeit ausdehnen: Es würde sich ad infinitum weiter ausdünnen und abkühlen. Alle Sterne und Galaxien würden erlöschen und in eisiger Dunkelheit sterben. Anstelle einer fantastischen Apotheose aus Licht und Hitze und Höllenfeuer, wie beim Universum mit positiver Raumkrümmung, herrschte beim Universum mit negativer Raumkrümmung am Ende trostlose Kälte.

Schließlich gibt es noch die Möglichkeit eines Universums ohne Krümmung, das flach wie ein Tischtuch ist. Auch in diesem Fall würde die Ausdehnung auf ewig weitergehen, selbst wenn sie sich zunehmend verlangsamt. Auch dieses Universum würde in trostloser, eisiger Nacht enden.

So mancher sagt, die Welt vergeht in Feuer,
so mancher sagt, in Eis.
Nach dem, was ich von Lust gekostet,
halt ich's mit denen, die das Feuer vorziehn.
Doch müsst sie zweimal untergehn,
kenn ich den Hass wohl gut genug,
zu wissen, dass für die Zerstörung Eis
auch bestens ist
und sicher reicht.

Robert Frost,
Feuer und Eis[23]

Inventur des Universums

Um zu wissen, ob die kosmische Nacht bis ans Ende der Zeiten andauern wird oder ob sie, ganz im Gegenteil, in infernalem Feuer endet, müssen wir die Art der Raumkrümmung des Universums bestimmen. Wie geht das? Rufen wir die Relativitätstheorie zu Hilfe. Sie lehrt uns gleich mehrere Dinge: Materie und Energie sind es, die den Raum krümmen. Es gibt einen als »kritische Dichte« bezeichneten Schwellenwert der Massen- und Energiedichte, der in etwa einer Masse von fünf Wasserstoffatomen pro Kubikmeter entspricht (oder 10–23 Gramm pro Kubikmeter) und der verschiedene Universums-Typen voneinander unterscheidet: Enthält ein Universum im Mittelwert mehr als fünf Wasserstoffatome pro Kubikmeter, ist es positiv gekrümmt. Enthält es weniger, ist es negativ gekrümmt. Besitzt es genau den Wert der kritischen Dichte, so hat es keine Krümmung. Es reicht also aus, die Masse und Dichte des Universums zu bestimmen, um sein weiteres Geschick zu kennen. Die Annahme liegt nahe, dass es sich aufgrund der unzähligen Galaxien, die sich im beobachtbaren Universum befinden, von denen ja jede einzelne unzählige Sonnen enthält, um ein Universum mit positiver Raumkrümmung handelt, das im Durchschnitt bestimmt mehr als fünf Atome pro Kubikmeter aufweist. Doch so eindeutig ist die Berechnung nicht, da ein Universum mit einer unvorstellbar großen Anzahl von Galaxien auch eine Ausdehnung hat, die sich aller Vorstellung entzieht.

Um ganz sicher zu sein, haben die Astronomen sich daran gemacht, das Universum zu inventarisieren. Dazu berücksichtigen sie zunächst die Sterne und Galaxien aus gewöhnlicher Materie, also aus Protonen, Neutronen und

Elektronen, aus denen Sie und ich und der Klatschmohn auf dem Feld bestehen. Diese sind leicht zu erfassen, da sie sichtbares Licht abgeben, das wir mit unseren Teleskopen wahrnehmen können. Das beobachtbare Universum beinhaltet um die vierhundert Milliarden Galaxien, von denen jede mehrere Hundert Milliarden Sonnen enthält. Trotz dieser astronomischen Zahlen macht die leuchtende Masse der Sterne und Galaxien nur einen Bruchteil von 0,5 % der kritischen Dichte des Universums aus (im Vergleich zur Dichte eines Universums ohne Raumkrümmung)! Heißt das, es gibt nicht genügend Masse, deren Gravitationskraft die Ausdehnung des Universums bremsen und es in sich zusammenfallen lassen könnte? Tatsächlich ist die Lage recht unklar, seit die Astrophysiker bemerkt haben, dass es noch sehr viel mehr Materie gibt, die wir nicht sehen. Der amerikanisch-schweizerische Astronom Fritz Zwicky (1898–1974) kam ihr als Erster auf die Spur, als er 1933 die Bewegungen der Galaxien im Coma-Haufen untersuchte, dem Verbund einiger Tausend von Gravitationskräften zusammengehaltener Galaxien. Die Galaxien bewegen sich innerhalb des Haufens mit einer Geschwindigkeit von tausend Kilometern pro Sekunde, und Zwicky kam zu dem Schluss, dass nichts sie davon abhalten könnte, sich im intergalaktischen Raum zu verstreuen und so zur Auflösung des Haufens zu führen, gäbe es nicht neben der sichtbaren Masse der Galaxien noch eine weitere Gravitationsquelle in Form von »Dunkler Materie« unbekannter Natur, die kein sichtbares Licht abstrahlt, deren Gravitation jedoch dazu beiträgt, die Galaxien im Haufen zusammenzuhalten.

Dunkle Materie

Seit Zwickys Entdeckung spukt die Dunkle Materie durch die Gedankenwelt der Astrophysiker. Sie ist in allen bekannten Strukturen des Universums festzustellen, von den winzigen Zwerggalaxien, die ich untersuche, bis zur Milchstraße und den gigantischen Galaxienhaufen. Der Grund ihrer Allgegenwart ist immer derselbe: Es muss sie geben, um den Zerfall der prächtigen Strukturen des Universums zu verhindern.

So bewegen sich in den Spiralgalaxien die Sterne und das Gas so schnell (mit über 200 km/s) auf der Galaxienebene, dass die Zentrifugalkraft sie herausschleudern und die Galaxie zerfallen müsste. Dennoch bestehen die Spiralgalaxien weiterhin und zieren unser Himmelsgewölbe mit ihrer Pracht. Damit sie ihre Sterne bei sich halten können, benötigen sie Dunkle Materie, die zwar keine sichtbare Strahlung aussendet, sich aber mittels ihrer Gravitation bemerkbar macht. Ebenso ist Dunkle Materie vonnöten, um zu verhindern, dass sich die Galaxienhaufen auflösen. Dafür muss es etwa 60 Mal so viel Dunkle Materie geben wie leuchtende. Mit anderen Worten: Sie trägt im Durchschnitt 31,5 Prozent zur kritischen Dichte bei.

Wie ist die Beschaffenheit der Dunklen Materie? Die Astrophysiker haben herausgefunden, dass von diesen 31,5 Prozent nur 4,5 Prozent aus »gewöhnlicher« Masse bestehen, ebensolcher aus Protonen und Neutronen, so wie alle Gegenstände um uns herum. Die restlichen 27 Prozent bestehen aus einer andersartigen, exotischen Art von Materie, deren Natur momentan noch vollkommen rätselhaft ist. Ganz ohne Licht stehen die Astronomen buchstäblich im Dunkeln. Die Forscher nehmen an, dass die exotische Dunkle Materie aus sehr massereichen Teilchen be-

steht, die nur schwach mit der bekannten Materie interagieren und in den ersten Sekundenbruchteilen nach dem Urknall entstanden sind. Als Gattungsnamen tragen sie die Bezeichnung WIMPs (»Weakly Interacting Massive Particles« also »schwach wechselwirkende massereiche Teilchen«). Die Physiker versuchen fieberhaft, sie nachzuweisen, doch hat sich bisher noch keines der Teilchen zu erkennen gegeben. Das Rätsel um die Beschaffenheit der exotischen Dunklen Materie bleibt ungelöst.

Bis 1998 kam die Inventur des Universums zu dem Ergebnis, dass ein Dichtewert, der um ein Drittel unter der kritischen Dichte liegt (0,5 % leuchtende Materie + 31,5 % Dunkle Materie = 32 % der kritischen Dichte), darauf hinweist, dass das Universum nicht genügend Masse enthält, um seine Expansion zu bremsen und wieder in sich selbst zusammenzufallen. Wir glaubten daher, in einem offenen Universum zu leben, das sich bis ans Ende aller Zeiten weiter ausdehnt und irgendwann in der Kälte einer ewigen Eisnacht stirbt.

Die Dunkle Energie

Das war alles vor einer Entdeckung, die am Ende des letzten Jahrhunderts den friedlichen Himmel der Kosmologie mit einem Paukenschlag erschütterte. Zwei astronomische Forschungsteams, das eine unter der Leitung von Saul Perlmutter, das andere unter dem Australier Brian Schmidt und dem Amerikaner Adam Riess – die alle drei 2011 mit dem Physik-Nobelpreis ausgezeichnet wurden –, entdeckten 1998 unabhängig voneinander, dass die Expansion des Universums sich nicht verlangsamte – was eigentlich, wenn das Universum nur aus Materie bestünde,

◂ Der Kugelsternhaufen Messier 92 ist in der Milchstraße einer der lichtstärksten. In unserer Galaxie wurden bislang einhundertfünfzig Kugelsternhaufen verzeichnet.

der Fall sein müsste, da deren Gravitationskraft die Ausdehnung ja bremst. Stattdessen beschleunigte sie sich, was bedeutet, dass es eine Antigravitationskraft gab, die abstieß, statt anzuziehen. Aus Mangel an weiterer Information tauften die Astrophysiker sie »Dunkle Energie« (»dunkel«, weil ihre Beschaffenheit, wie auch die der exotischen Dunklen Materie, uns vollkommen unbekannt ist). Ihre Beobachtungen zeigen, dass sich die Ausdehnung des Universums in den ersten sieben Jahrmilliarden zunehmend verlangsamt hat, sich seit der achten Jahrmilliarde nach dem Urknall aber beschleunigt. Um die beobachtete allgemeine Beschleunigung zu erklären, müssen etwa 68 Prozent des Masse- und Energiegehalts des Universums von Dunkler Energie erbracht werden: Das wiederum entspricht ziemlich genau der Menge, die bei der vorhergehenden Inventur des Universums fehlten, um die kritische Dichte und damit eine flache Geometrie (ohne Krümmung) zu erreichen.

Doch wie kann es eine solche Antigravitationskraft geben? Newton hat uns gelehrt, dass die Gravitation eines Gegenstands immer anziehend wirkt und seine Anziehungskraft sich proportional zu seiner Masse verhält. Aber Einstein sagt uns mit seiner Relativitätstheorie, dass Newtons Perspektive zu beschränkt ist und dass nicht nur die Masse eines Objekts, sondern auch seine Energie und sein Druck berücksichtigt werden müssen, da diese die Gravitationskraft ebenfalls beeinflussen. Der Druck besitzt jedoch die Eigenschaft, anders als die beiden anderen Größen, dass er sich abhängig von den jeweiligen Umständen positiv oder negativ auf die Gravitationskraft auswirkt. Ist der Druck positiv, was unter Normalbedingungen im täglichen Leben der Fall ist, verstärkt er das von Masse und Energie hergestellte Gravitationsfeld noch ein wenig. Die

Kasimir Malewitsch, *Schwarzer Kreis* ▸

daraus entstehende Gravitationsanziehung ist uns allen vertraut: Durch sie fallen wir, wenn wir stolpern, zu Boden.

Doch nach der Relativitätstheorie kann der Druck unter außergewöhnlichen Bedingungen im gesamten Universum negativ sein. Sollte also ein negativer Beitrag größer sein als die positiven Beiträge, entsteht eine Art Antigravitation, die sämtliche Objekte abstößt, statt sie anzuziehen. Dieser Druck lässt sich nicht bei gewöhnlicher Materie finden, da diese immer einen positiven Druck hat, sondern bei einer vollkommen andersartigen Substanz, die das gesamte Universum durchzieht, aber weder Materie noch Licht ist, und deren sonstige Eigenschaften ebenso unbekannt sind. Die Beschaffenheit der Dunklen Energie zu bestimmen – wie auch die der exotischen Dunklen Materie – bleibt eine der größten Herausforderungen der heutigen Astrophysik.

Die ewige Ausdehnung

Durch die abstoßende Kraft der Dunklen Energie wird sich das Universum auf ewig weiter ausweiten. Wie im Falle eines offenen Universums wird ein flaches Universum sich immer weiter ausdehnen und immer weiter abkühlen, um sein Leben in dunkler Eiseskälte zu beenden. Auf das Verglühen aller Sterne folgt eine endlose Nacht. Die Menschheit der Zukunft – angenommen, sie konnte über so viele Milliarden Jahre am Leben bleiben – wird also nicht in klaustrophobische Ängste geraten, die ein positiv gekrümmtes, sich unter dem eigenen Gewicht zusammenziehendes und immer kleiner werdendes Universum auslösen würde. Das Universum wird im Gegenteil durch die kosmische Beschleunigung immer weiter auseinanderdriften. Der Raum wird sich so schnell ausdehnen, dass sich irgendwann kein Teilchen mehr mit einem anderen verbinden und feste Strukturen bilden kann. Durch die beschleunigte Expansion des Universums wird der Himmel zunehmend leerer. Wenn die kosmische Uhr irgendwann 2000 Milliarden Jahre anzeigt (das Universum wird dann das Hundertfache seines aktuellen Alters von 13,8 Milliarden Jahren erreicht haben), werden die Hunderte Milliarden Galaxien, die wir mit unseren Teleskopen heute sehen, zu weit entfernt sein, um sie noch wahrzunehmen. Wird am Ende in der riesigen Weite des Alls nur die Milchstraße übrig bleiben? Nein, da sie ja, wie gesagt, zum Lokalen Superhaufen gehört, einem Komplex aus 10 000 von der Gravitationskraft zusammengehaltenen Galaxien. Doch werden diese in einer so entfernten Zukunft nicht mehr einzeln zu unterscheiden sein: Die Gravitationsanziehung wird sie schon lange zuvor zusammengeführt haben, sodass sie im Verbund eine gewaltige Metagalaxie bilden. Unsere Nachfahren werden den Eindruck haben, das Universum beschränkte sich auf ihre im weiten Weltall verlorene Metagalaxie. Die astronomischen Forschungsmöglichkeiten wären wegen der wenigen beobachtbaren Himmelskörper außerordentlich beschränkt. Fälschlicherweise würden unsere Nachkommen annehmen, das Universum sei statisch, da es durch die Abwesenheit von Galaxien jenseits der Metagalaxie keine Markierungspunkte gäbe, an denen sich die Expansion des Universums, und noch weniger deren Beschleunigung, messen ließe. Für unsere weit entfernte Nachwelt werden die Überlegungen zum Urknall, zur Dunklen Materie und Dunklen Energie, zur kosmischen Evolution, die auf der Erde das Leben und das Bewusstsein hervorbrachte, wie die wundersame Mythengeschichte einer vergangenen Zivilisation anmuten, die sich jemand ausgedacht hat, um die Schöpfung der Welt zu erklären, aber ohne dass sie auf irgendeiner konkreten Beobachtung beruhte. Tatsächlich sehe ich es als ein großes Glück an, in einer Zeit zu leben, in der ich noch richtige Astronomie betreiben und am dunklen Nachthimmel noch Hunderte Milliarden Galaxien beobachten kann.

Licht und Schatten

Wer nachts über die Erde fliegt und aus dem Flugzeugfenster schaut, sieht hier und da über die Kontinente verteilt die Lichter der großen Städte und Metropolen. Der in tiefschwarze Dunkelheit getauchte Rest entgeht ihm. Er sieht weder die Umrisse der Kontinente noch die grünen Ebenen, die kargen Wüsten und die verschneiten Gipfel der Bergketten: Der nächtliche Anblick der Erde trügt. Doch dem Astronomen ergeht es genauso. Die leuchtende Materie der Sterne und Galaxien macht nur 0,5 Prozent des Massegehalts im Universum aus. Auch die Materie, aus der wir bestehen, bildet nur 4,5 Prozent des Ganzen. Der Rest, also 95 Prozent der Gesamtmasse des Universums, ist uns nach wie vor völlig unbekannt. Wir wissen von einer exotischen Dunklen Materie, die es geben muss, um die Sterne in den Galaxien und diese in den Galaxienhaufen festzuhalten, und wissen von einer rätselhaften Dunklen Energie, die den gesamten Kosmos durchzieht, da die Expansion des Universums immer schneller statt langsamer wird. Aber der Astronom sieht weder die riesigen dunklen Halos, die die Galaxien umgeben, noch die gigantischen Filamente aus Dunkler Materie, die über Mil-

Computersimulation der Dunklen Materie. ▸
Die weißen Flecken stellen Galaxienhaufen dar.

»Seit geraumer Zeit spukt die Dunkle Materie durch die Vorstellungswelt der Astrophysiker. Sie ist in allen bekannten Strukturen des Universums festzustellen und verhindert den Zerfall von Galaxien und Galaxienhaufen.«

liarden von Lichtjahren ein immenses kosmisches Netz quer durchs All spannen.

Das hier und da an den dichtesten Stellen des riesigen Netzes verstreute Licht der Galaxien und Galaxienhaufen liefert uns nur ein sehr unvollständiges Bild der Realität. Die leuchtende Materie des Universums ist wie der kleine aus dem Wasser ragende Teil eines Eisbergs. Doch gibt es einen sehr großen Unterschied zwischen einem Eisberg und dem Universum: Wir wissen, dass der unter Wasser liegende Teil des Eisbergs aus Eis besteht, während die Beschaffenheit der exotischen Dunklen Materie und der Dunklen Energie weiterhin eine gewaltige Herausforderung für den Geist darstellt. Trotz all unseres Wissens ist uns der Großteil des Universums unbekannt. Eine gute Lehre in Bescheidenheit. Die Dunkelheit bildet die unvermeidbare Kehrseite der Medaille des Lichts, so wie die Nacht untrennbare Begleiterin des Tages ist.

Nachdenken über den Blauen Planeten

Während das Teleskop weiterhin das Licht Blauer kompakter Galaxien einsammelt, denke ich darüber nach, was für ein außerordentlicher Zufall es ist, dass ich hier bin, hier auf dem Gipfel des ruhenden Vulkans, und das Universum betrachte. Es ist schon ein Wunder, dass der Mensch in der Weite des Universums irgendwann aufgetaucht ist, trotz der Bedeutungslosigkeit seines Heimatplaneten im Kosmos, dass er ausreichend intelligent ist, um das Universum zu verstehen, seine Schönheit und Harmonie zu genießen, und geschickt genug, um das großartige kosmische Fresko der 14 Milliarden Jahre nachzuzeichnen, die von der Urleere bis zu ihm reicht. Es ist ein Wunder, dass der Mensch auf der Erde lebt, dem – von der Sonne aus gezählt – dritten Planeten. Dies ist kein bloßer Zufall: Unser Planet ist der einzige bewohnbare im Sonnensystem, da er im Gegensatz zu den anderen Planeten weder zu heiß noch zu kalt ist. Das Leben ist zart und verletzlich, es braucht milde, gemäßigte Bedingungen. Nun ist die Erde der einzige Planet im Sonnensystem, der aufgrund seiner Entfernung zur Sonne solche Bedingungen bietet. Nur sie besitzt Ozeane aus flüssigem Wasser, die drei Viertel ihrer Oberfläche bedecken und ihr – nebenbei bemerkt – zu ihrer schönen azurblauen Farbe verhelfen. Nur sie trägt Leben, und was noch besser ist: Leben mit Bewusstsein.

Die Marsmenschen

Die drei anderen Gesteinsplaneten bieten hingegen keine guten Lebensbedingungen. Auf Merkur herrscht wegen seiner Nähe zur Sonne (ungefähr ein Drittel der Entfernung von uns bis zur Sonne) am Tag eine Temperatur von 430 °C; Blei würde dort augenblicklich schmelzen. Auf der doppelt so weit von unserem Zentralgestirn entfernten Venus ist die Temperatur allerdings noch höher und beträgt das 4,6-fache von kochendem Wasser. Diese infernalische Hitze wird, wie wir gesehen haben, vom immensen Treibhauseffekt ihrer sehr dichten Atmosphäre aus 96 % Kohlendioxid erzeugt. Setzte man einen Fuß auf ihre Oberfläche, würde man nicht nur umgehend verbrennen, sondern hätte sich zusätzlich noch vergiftet. Mars wiederum hat seit eh und je eine große Faszination auf die Fantasie des Menschen ausgeübt, da man lange Zeit glaubte, dort gäbe es eine weitere, sich von uns unterscheidende Lebensfor-

»Saturn besitzt keine feste Oberfläche. Wer den Fuß darauf setzt, wird sofort von ihm verschlungen.«

Gewitter auf Saturn, fotografiert von der Cassini-Sonde

men mit Bewusstsein. Die kleinen grünen Männchen unserer Einbildungskraft wurden daher als Marsmenschen bezeichnet. Der italienische Astronom Giovanni Schiaparelli glaubte 1877 mit seinem Fernrohr in großem Umfang Linienstrukturen auf der Marsoberfläche auszumachen, die er *canali*, also Kanäle, nannte.

Der nächste Schritt legte den Schluss nahe, dieses Kanalsystem wäre von einer hoch entwickelten Zivilisation dort angelegt worden. 1938 konnte der junge Orson Welles am Vorabend von Halloween mit seiner allzu realistisch wirkenden Hörspielfassung des von H. G. Wells verfassten Science-Fiction-Romans *Krieg der Welten,* der von der Eroberung der Erde durch feindliche Marsmenschen handelt, noch Panik unter der Bevölkerung New Jerseys auslösen. Mit den Bildern, die die Mariner-Sonden Anfang der 1970er-Jahre von der Marsoberfläche schickten, wurden diese Fantasievorstellungen endgültig hinweggefegt. Sie zeigten ohne den geringsten Zweifel, dass die Kanäle reine Einbildung waren und keine höhere Zivilisation auf dem Roten Planeten lebte, auch wenn gute Gründe dafürsprachen, dass es dort Leben gegeben haben könnte. Die von den Satelliten und den Roboterfahrzeugen gesendeten Bilder legen nahe, dass es vor einigen Jahrmilliarden einmal flüssiges Wasser auf seiner Oberfläche gegeben hat. Sie zeigen ausgetrocknete Flussbetten, von zahlreichen Schluchten zerklüftete Krater, die höchstwahrscheinlich von Wasserläufen erodiert wurden, oder auch Sedimentschichten, die darauf hinweisen, dass sich in der Vergangenheit überall auf der Marsoberfläche Seen befunden haben. Und wo Wasser ist, ist auch Leben möglich: Vielleicht werden wir eines Tages auf dem Mars Mikroorganismen finden. Doch eines ist sicher: Intelligentes Leben hat sich dort nie entfalten können.

Die Riesenplaneten – Jupiter, Saturn, Uranus und Neptun – sind kaum besser für das Leben geeignet. Sie besitzen keine feste Oberfläche. Wer den Fuß darauf setzt, versinkt sofort in riesigen Wasserstoff- und Heliummassen, deren extremer Druck und extreme Temperatur sofort tödlich sind. Auch die oberen Schichten ihrer Atmosphäre sind kaum einladender. Hier wüten ohne Unterbrechung heftige Gewitter und einige Wirbelstürme, außerdem wehen Winde mit mehreren Hundert Stundenkilometern Geschwindigkeit, was der Entfaltung und Entwicklung von Leben nicht förderlich ist.

Es ist also dem Zufall zu verdanken, dass wir uns hier auf dem Blauen Planeten befinden. Dank des flüssigen Wassers konnte die Natur den Fächer des Lebens weit aufspannen. Unter den 1001 Tier- und Pflanzenarten entstand auch der Mensch, der das Universum, das ihn hervorgebracht hat, verstehen kann. Und dennoch gefährdet er gerade das ökologische Gleichgewicht seiner Biosphäre. Ein anderes bewohnbares Fleckchen wird im weiten Universum schwer zu finden sein: Wir sollten auf unseren Planeten achtgeben.

Zwei Dinge erfüllen das Gemüt mit immer neuer und zunehmender Bewunderung und Ehrfurcht […]: Der bestirnte Himmel über mir und das moralische Gesetz in mir.

Immanuel Kant,
Kritik der praktischen Vernunft[24]

»Lange glaubte man, Mars wäre ein weiterer Planet, auf dem Leben möglich ist.«

Mars, fotografiert vom Weltraumteleskop Hubble. An beiden Polen des Roten Planeten erkennt man deutlich die Polkappen aus Wasser und Kohlendioxid.

Mensch und Universum in enger Symbiose

Das Universum scheint auf geheimnisvolle Weise darauf ausgerichtet, das Erscheinen des Menschen zuzulassen. Der Kosmos ist so ungeheuer groß, weil er mit unserer Anwesenheit harmoniert. Die heutige Astrophysik hat herausgefunden, dass die Existenz des Menschen, wie des Lebens im Allgemeinen, in den Eigenschaften jedes einzelnen Atoms eingeschrieben ist, in jeden Stern, in jede Galaxie des Universums und in jedes physikalische Gesetz, das hier regiert. Wären die Beschaffenheit und die Gesetze des Universums auch nur ein klein wenig anders, wären wir nicht da, um darüber zu sprechen. Das Universum und wir sind untrennbar miteinander verbunden. Offenbar besitzt das Universum genau die notwendigen Eigenschaften, um ein Wesen mit Bewusstsein hervorzubringen, das seinen Aufbau verstehen kann. Der englisch-amerikanische Physiker Freeman Dyson hat die Verbindung in knappen Worten treffend zusammengefasst: »Irgendwie hat das Universum gewusst, dass wir kommen.« Die enge Symbiose zwischen Mensch und Universum wird mit dem Begriff anthropisches Prinzip bezeichnet, von griechisch *anthropos* für »Mensch«.

Wie haben die Astrophysiker die großartige Symbiose zwischen Mensch und Kosmos entdeckt? Alle Eigenschaften des Universums hängen von zwei Arten Parametern ab. Zunächst den Eigenschaften, die ihm die Feen zur Geburt in die Wiege gelegt haben, also den Ausgangsbedingungen: die ursprüngliche Expansionsrate des Universums und sein Gehalt an Materie und Energie. Weiterhin ein gutes Dutzend Naturkonstanten: die Lichtgeschwindigkeit, die Masse der Elementarteilchen und die Gravitationskonstante, die die Stärke der Gravitationskraft bestimmt. Diese Parameter sind tatsächlich konstant. Sie scheinen sich weder in Raum noch Zeit zu ändern. Wir konnten die Konstanten in Experimenten mit sehr großer Genauigkeit beziffern, haben aber überhaupt keine physikalische Theorie dafür, warum sie ausgerechnet diesen oder jenen spezifischen Wert besitzen. So wissen wir nicht, warum sich beispielsweise das Licht mit 300 000 Kilometern pro Sekunde bewegt und nicht mit drei Zentimetern pro Sekunde. Diese Naturkonstanten machen die Welt zu der, die sie ist, und keiner anderen. Was sich wie eine Binsenweisheit anhört, verdeutlicht jedoch, über was für eine unendliche Bandbreite möglicher Massen und Größen die Natur bei der Erschaffung des Universums verfügte. Der höchste Berg der Erde könnte nicht an die zehn Kilometer, sondern kaum ein paar Zentimeter hoch sein. Die Menschen könnten nicht größer als Mikroben sein. Einige wenige Naturkonstanten verantworten die gesamte Gliederung der Strukturen und Massen unserer prächtigen Welt, vom kleinsten Atom bis zum größten Supergalaxienhaufen.

Die Gewinnkombination

Erst wenn die Naturkonstanten mit den Ausgangsbedingungen des Universums zusammenwirken, kann es zu Leben und Bewusstsein kommen. Die Entstehung von Leben ist allerdings sehr unwahrscheinlich und setzt ein hochsensibles Gleichgewicht sowie das Zusammentreffen außerordentlicher Umstände voraus. Würden sich gewisse Naturkonstanten und Ausgangsbedingungen nur ein wenig verändern, gäbe es uns nicht mehr. Die Genauigkeit, mit der einige dieser Parameter reguliert werden, ist atemberaubend. Wie sind die Astrophysiker darauf gekommen? Natürlich können sie sich nicht erhoffen, den Urknall im Labor nachzustellen. Um die Explosionsenergie des Big Bang zu reproduzieren, bräuchte es einen Teilchenbeschleuniger so groß wie die Milchstraße – bis es den gibt, dürfte noch einige Zeit vergehen! Ersatzweise wurde versucht, mit Computern eine ganze Reihe fiktiver Universen durchzurechnen, in denen jeweils bestimmte Kombinationen von Naturkonstanten und Ausgangsbedingungen vorherrschten. Eines mit einer schwächeren Gravitationskraft, eines mit einem höheren Anteil Dunkler Materie, dann eines mit einer größeren Elektronenmasse und so weiter. Die Frage, die sich die Wissenschaftler bei jeder Modellberechnung stellten, lautete: »Würde dieses Universum nach 13,8 Jahrmilliarden Leben und Bewusstsein beherbergen?« Die Antwort der Computer ist höchst erstaunlich: Bei der großen Mehrheit errechneter Universen bleibt die Kombination erfolglos, sie wären leer und steril – außer im Fall unseres Universums, das mit seiner Gewinnkombination gewissermaßen das Sahnehäubchen auf dem Kuchen darstellt. Die meisten Universen tragen kein Leben und Bewusstsein in sich, weil sie keine massereichen Sterne bilden können. Ohne deren atomare Alchemie gäbe es keine schweren Elemente wie den Kohlenstoff, der jedoch die Grundlage allen Lebens bildet. Untersuchen wir beispielsweise die Ausgangsdichte der Materie des Universums: Bei einer zu großen Dichte würde die Materie eine zu starke Gravitationskraft ausüben, die ihre Expansion bremste und umkehrte, sodass das Universum nach einiger Zeit, nach einer Jahrmillion, einem Jahrhundert oder sogar schon einem Jahr, in einem Big Crunch in sich zusammenstürzte. Die Dauer wäre zu kurz, als dass Sterne entstehen und ihre atomare Alchemie betreiben könnten. Aber ohne diese gäbe es keine schweren Elemente und damit auch kein Leben. Im umgekehrten Fall, bei zu geringer Ausgangsdichte, wäre die Gravitationskraft nicht in der Lage, die aus dem Big Bang hervorgegangenen Wasserstoff- und Heliumwolken in sich zusammenstürzen und Sterne bilden zu lassen. Ohne Sterne keine schweren Elemente und wiederum kein Leben und Bewusstsein! Die Ausgangsdichte der Materie muss mit atemberaubender Genauigkeit eingestellt werden, und zwar bis auf die sechzigste Stelle nach dem Komma. Würde man also im Bereich von 10 bis 60 eine einzige Ziffer ändern, könnte sich alles verkehren und das Universum wäre steril.

Die Präzision, mit der sämtliche Parameter aufeinander abgestimmt sein müssen, entspräche dem Augenmaß eines Bogenschützen, der seinen Pfeil in eine 1 mal 1 cm große Zielscheibe am anderen Ende des Universums schießen möchte. Auch wenn die Feinabstimmung bei den anderen Ausgangsbedingungen und Naturkonstanten nicht ganz so phänomenal präzise sein muss wie beim Druck, ist die

Das anthropische Prinzip

Der französisch-britische Astrophysiker Brandon Carter prägte den von ihm erfundenen Begriff des »anthropischen Prinzips«. Die Bezeichnung »anthropisch« ist allerdings nicht ganz passend gewählt: Sie suggeriert, das Universum wäre ausschließlich für den Menschen gemacht. Die Schimpansen, Delfine und andere irdische sowie außerirdische Wesen könnten sich zu Recht darüber beschweren. Tatsächlich ist das Universum nicht nur mit dem Menschen in Symbiose, sondern auch mit jeder anderen intelligenten Lebensform, die es beheimatet.

Schlussfolgerung doch immer dieselbe: Die Elemente des Universum müssen extrem sorgfältig aufeinander abgestimmt sein, damit ein Beobachter entsteht, der sich Fragen über den Kosmos stellen kann, aus dem er selbst hervorgegangen ist.

Unzählige Welten! Wir träumen von ihnen.
Wer sagt uns denn, dass ihre unbekannten Bewohner nicht auch an uns denken, dass nicht Gedankenflüge das All durchqueren wie die Ströme der Anziehungskraft und des Lichts?
Besteht nicht zwischen den himmlischen Menschheiten, für welche die Erde nur ein bescheidener Weiler ist, eine ungeheure Gemeinsamkeit, die unsere unzulänglichen Sinne kaum erahnen?

Camille Flammarion,
Astronomie des dames (Astronomie der Damen)

Sind wir alleine im Universum?

Wenn das Universum seit seinem Beginn Leben und Bewusstsein als Keim in sich trägt, warum ist dann unser Planet der einzige, auf dem es sich entfaltet hat? Schaue ich hinauf ins riesige bestirnte Himmelsgewölbe, das sich bis in scheinbare Unendlichkeit erstreckt, komme ich nicht umhin, mich zu fragen, ob wir die Einzigen im Universum sind, ob es nicht irgendwo in den Weiten des Kosmos

Edward Robert Hughes, *La Nuit* (Die Nacht) ▸

E R Hughes

noch andere Wesen gibt, die sich dieselben Fragen über die Welt stellen und sich an der spektakulären Schönheit einer Sternennacht erfreuen können. Für einige Biologen, wie beispielsweise den Amerikaner Stephen Jay Gould, ist das Leben auf der Erde das Ergebnis einer ganzen Reihe extrem unwahrscheinlicher Zufälle. Die Unwahrscheinlichkeit ist so gewaltig, dass sich das Wunder des Lebens in der gesamten Geschichte des Universums nur einmal ereignen konnte – und das aus allergrößtem Zufall auf unserem Planeten. Ein zweites Mal passiert das nicht. Laut Gould gäbe es, würde man den Film von den Ereignissen auf der Erde zurückspulen und dann noch einmal abspielen, weder Fisch noch Nachtigall noch Delfin noch Mensch. Seine Entstehung beruht nicht etwa auf allgemeingültigen Naturgesetzen, sondern ist lediglich ein Detail in einer Geschichte, die genauso gut auch gar nicht hätte stattfinden können. Auf dem langen, verschlungenen Weg der Evolution gab es anfangs nur sehr geringe Chancen, dass der Mensch entstehen würde. Da das Vorkommen von Leben so unglaublich unwahrscheinlich ist, kann sich auf keinem anderen Planeten Leben oder Intelligenz befinden. Folglich sind wir allein im Universum. So lautet die Theorie von der Einsamkeit im Kosmos. Die kümmert mich aber wenig. Ich glaube nicht, dass das Leben durch reinen Zufall entstanden ist, sondern durch einen Zufall, den die Gesetze von Physik und Biologie geleitet haben. Es steht am Ende zufällig stattfindender, aber zwingenden Prinzipien folgender Ereignisse. Es war also im Zaum gehaltener Zufall, der das Universum mit Leben und Bewusstsein füllte. Nach meiner Einschätzung sind wir sehr wahrscheinlich nicht die Einzigen im riesigen Kosmos, die die Schönheit der Nacht bewundern.

Das Rauschen des Windes

Falls es E. T. wirklich gibt: Könnten wir mit ihm kommunizieren? Für die heutigen Astronomen ist die Möglichkeit, mit außerirdischen Zivilisationen in Kontakt zu kommen, keine Science-Fiction mehr. Zu diesem Zweck vollbringt man ernsthafte Anstrengungen. Die Erdbewohner haben zwei Sonden ohne vorgegebenes Ziel ins All gesandt – Pioneer 10 und Voyager 1 –, die Botschaften an Bord tragen, in der Hoffnung, dass eines Tages Außerirdische sie empfangen – eine Art Flaschenpost im riesigen kosmischen Ozean. Eine Flaschenpost mit Tönen und Bildern von der Erde: die Worte »Herzliche Grüße an alle« in 55 Sprachen, dazu die Darstellung eines Wasserstoffatoms, Angaben zum Platz der Erde im Sonnensystem, die Abbilder einer Frau und eines Mannes, der grüßend die Hand hebt, eine Schallplatte mit unter anderem einem Bachkonzert, einem Jazzstück von Louis Armstrong, dem Geräusch eines Kusses, dem des Windes, einem Walgesang und Kinderlachen. Anstelle von Raumsonden, die sich unerträglich langsam durchs All bewegen, ist es sehr viel weniger kostspielig und sehr viel schneller, Funknachrichten zu senden, die sich mit der größtmöglichen Geschwindigkeit fortbewegen, nämlich mit Lichtgeschwindigkeit. 1974 schickte eines der weltweit größten Radioteleskope, das Arecibo-Radioteleskop in Puerto Rico, die wohl berühmteste Funknachricht, die Erdbewohner jemals in den Kosmos gesandt haben: Die etwa dreiminütige Nachricht enthielt unter anderem eine Zeichnung der DNS-Doppelhelix und eine Abbildung des Arecibo-Teleskops. Als Zielort hatte man den Kugelsternhaufen Messier 13 ausgesucht, eine Formation aus dreihunderttausend von Gravitationskräften zusammengehaltenen Sternen. Die Hoffnung war, auf einen Schlag möglichst viele außerirdische Zuhörer zu erreichen. Die Nachricht reist immer noch in Richtung Kugelsternhaufen und wird diesen in ungefähr 25 000 (!) Jahren erreichen. Doch statt unsere Flaschenpost ins Meer zu werfen, können wir auch ins All hineinhorchen. Vielleicht schallt es dort nur so von den Nachrichten anderer Zivilisationen? Die Erdlinge machten sich also daran, den Himmel mithilfe eines Programms abzuhören, das den Namen SETI trägt (das Akronym von Search for Extraterrestrial Intelligence – Suche nach außerirdischer Intelligenz). Reihenweise sind Radioteleskope auf Tausende der uns nächststehenden sonnenähnlichen Sterne gerichtet und suchen nach Signalen auf Millionen, wenn nicht Milliarden Frequenzen gleichzeitig. Natürlich sind es Computer, die in diesem Fall das Horchen übernehmen. Menschen kommen erst zum Einsatz, wenn die eingehenden Signale irgendwelche Besonderheiten aufweisen. Bisher hat es jedoch nur falschen Alarm gegeben: Keines der auffälligen Signale stammte letztlich von einer außerirdischen Intelligenz. Der Weltraum bleibt erbarmungslos still. Doch trotz eisiger Funkstille geht die Suche weiter. Der Einsatz lohnt sich. Sollte das Schweigen eines Tages gebrochen werden, wäre dies ein Wendepunkt in der Menschheitsgeschichte. Wir wüssten dann, dass wir nicht die Einzigen im Universum sind, dass sich irgendwo noch andere Wesen für die Pracht und Struktur der Welt begeistern können.

Zufall oder Notwendigkeit?

Was ist das für ein kosmisches Uhrwerk, das äußerst präzise eingestellt ist und zudem die Entstehung von Leben und Bewusstsein ermöglicht hat? Ich glaube, wir können dies entweder für Zufall oder für eine Notwendigkeit halten, um mit den Worten des französischen Biologen Jacques Monod zu sprechen. Diejenigen, die an einen Zufall glauben, vertreten die Theorie vom »Multiversum«, der zufolge unser Universum nur eine kleine »Blase« unter unendlich vielen anderen Blasen in einem Metauniversum darstellt. Jedes dieser Paralleluniversen verfüge demnach über eine ganz eigene Kombination von Naturkonstanten und Ausgangsbedingungen. Keines von ihnen beherberge bewusstes Leben, da in keinem die richtige Kombination von Naturkonstanten und Ausgangsbedingungen herrsche – mit Ausnahme des unseren, da wir durch großen Zufall die Gewinnkombination erhalten hätten. Bislang kann die Wissenschaft zwischen Zufall und Notwendigkeit noch nicht unterscheiden. Man muss irgendetwas annehmen und dann auf diese Annahme setzen, wie Blaise Pascal bei seiner Pascal'schen Wette. Die These vom Zufall lehne ich jedoch entschieden ab, da ich mir nicht vorstellen kann, die ganze Schönheit, Harmonie und Einheit der Welt wären einzig Produkt eines Zufalls, und die Ordnung und Gliederung des Universums, di ich mit meinem Teleskop wahrnehme, hätten überhaupt keinen Sinn. Außerdem ist die Hypothese vom Multiversum nicht verifizierbar. Zu behaupten, es gäbe eine unendlich große Anzahl von Paralleluniversen, die mit unserem in keinerlei Verbindung stünden und sich daher auch nicht beobachten ließen, entspricht meiner Auffassung von wissenschaftlicher Arbeit ganz und gar nicht. Ohne den experimentellen Nachweis ist die Wissenschaft nichts weiter als Metaphysik. Gehen wir allerdings von der Existenz eines einzigen Universums aus, wie lässt sich die so präzise Feinabstimmung des Kosmos erklären? Ich möchte wetten, dass dieser Feinabstimmung ein Schöpfungsprinzip zugrunde liegt. Doch Achtung! Dieses Prinzip wird nach meiner Auffassung nicht von einem bärtigen Gott verkörpert. Es handelt sich vielmehr um ein pantheistisches Prinzip, das in den Naturgesetzen seinen Ausdruck findet, so wie Spinoza es beschreibt. Einstein hat sich in dieser Angelegenheit folgendermaßen geäußert: »Die Idee eines persönlichen Gottes ist ein anthropologisches Konzept, das ich nicht ernst nehmen kann ... Meine Überzeugungen sind denjenigen Spinozas verwandt: Bewunderung für die Schönheit und Glaube an die logische Einfachheit der Ordnung und Harmonie, welche wir demütig und nur unvollkommen fassen können.«[25] Genau dieser Annahme folge ich auch.

Gödels Unvollständigkeitssatz

Mit der Quantenmechanik und Chaostheorie haben die Begriffe Ungewissheit, Unbestimmtheit und Unvorhersehbarkeit Einzug in die Wissenschaft gehalten. Ferner lehrt uns der Unvollständigkeitssatz des Mathematikers Kurt Gödel (1906–1978), dass es in hinreichend starken widerspruchsfreien arithmetischen Systemen immer »unbeweisbare« Aussagen gibt, also mathematische Behauptungen, von denen sich nicht sagen lässt, ob sie wahr oder falsch sind. Das bedeutet, dass es zumindest in der Mathematik Grenzen für unser Wissen gibt.

»Die vernunftwidrige Effektivität des Menschen, die Welt zu verstehen«

Das Teleskop sammelt weiterhin das Licht einer weit entfernten Galaxie ein. Vierzig Minuten Aufnahmezeit sind bereits verstrichen, sagt mir der Computer. In zwanzig Minuten wird die Beobachtung enden. Das vom Fotosensor registrierte Licht wird dann automatisch auf dem Bildschirm des Computerterminals angezeigt. Mittlerweile habe ich so viele Spektren Blauer kompakter Zwerggalaxien gesehen, dass ich an den Spektrallinien gleich ihre chemische Zusammensetzung erkenne. Um die Spektrallinien auszulesen, berufe ich mich auf Erkenntnisse aus der Quantenmechanik, die als physikalische Theorie die atomare und subatomare Welt beschreibt. Mir fällt auf, dass die Spektrallinien ins Rote verschoben sind, eine Folge der Ausdehnung des Universums seit dem Urknall. Die Expansionsbewegung wird von Einsteins Relativitätstheorie sehr genau beschrieben. »Das Unverständlichste am Universum ist im Grunde, dass wir es verstehen«, sagte Einstein. Es ist bemerkenswert, dass unser Gehirn in der Lage ist, zumindest teilweise den kosmischen Code zu entschlüsseln, um auf diese Weise unser Weltverständnis immer weiter zu komplettieren.

Warum ist das Universum verständlich? Wie haben die Menschen erfassen können, dass der Kosmos weit mehr ist als die Aneinanderreihung vollkommen zusammenhangloser Ereignisse? Für überzeugte Darwinisten ist die »vernunftwidrige Effektivität« des Menschen, das Universum zu verstehen – um hier die Formulierung des Physikers Eugene Wigner heranzuziehen, der von der »vernunftwidrigen Effektivität der Mathematik zur Beschreibung der Welt« sprach –, einfach das Ergebnis natürlicher

Auslese. Die Menschen mussten ihre geistigen Fähigkeiten stets weiterentwickeln, um die Welt besser zu verstehen und sich an ihre Umgebung anzupassen, da sie sonst Gefahr liefen zu verschwinden. Diese Meinung teile ich nicht, denn man darf nicht vergessen, dass wir die Welt auf zwei unterschiedliche Weisen erfassen: zum einen sensorisch, instinktiv und direkt, zum anderen aber auch intellektuell, überlegt und weniger unmittelbar. Unser sensorisches Wissen ist für das Überleben natürlich unverzichtbar und eine biologische Notwendigkeit: Wenn ein Gegenstand auf uns zugeflogen kommt, ist es wichtiger, sofort zu reagieren und instinktiv auszuweichen, als nachzudenken und seine Flugbahn zu berechnen. Für den Überlebenskampf müssen wir weder die Gesetze der Schwerkraft kennen noch den Urknall im Detail verstanden haben.

Dennoch sind die Menschen in der Lage, nachzudenken und das Universum zu verstehen. Ist unser Vermögen, die Welt zu verstehen, auch das Ergebnis eines glücklichen Zufalls in der kosmischen Evolution? Ich glaube, nein. Wenn die Menschen die Welt gedanklich begreifen, dann, weil ihr Bewusstsein dazu »vorprogrammiert« war, genau wie das Universum von Beginn an auf höchst präzise Weise darauf abgestimmt war, die Entstehung von Leben zu ermöglichen. Die Herausbildung von Bewusstsein ist nicht einfach ein kleiner Zwischenfall im großen Epos des Kosmos. Sie ist notwendig, da das Universum sinnlos wäre ohne ein Bewusstsein in sich, das seine Struktur, Schönheit und Harmonie erfassen kann.

Werden wir eines Tages alles im Universum verstehen können? Wird es uns irgendwann in all seiner Großartigkeit begreiflich sein? Ich denke, nein. Die Wissenschaft hat mit ihren Fortschritten auch ihre eigenen Grenzen entdeckt. Die kosmische Melodie wird ein Geheimnis blei-

René Magritte, *Der sechzehnte September* ▸

ben. Doch ist das ein Grund, das Forschen zu beenden? Die Menschen werden nie ihren Wunsch aufgeben, die Welt zu verstehen.

Wir lassen niemals vom Entdecken
Und am Ende allen Entdeckens
Langen wir, wo wir losliefen, an
Und kennen den Ort zum ersten Mal.

T. S. Eliot,
Vier Quartette[26]

Wenn die Sonne aufgeht

Der Morgen naht. Zur Beobachtung bleibt mir nur noch eine Stunde vollkommene Dunkelheit. Das Teleskop ist auf die letzte Galaxie der Nacht ausgerichtet. Bald wird es dämmern. Der Himmel wird immer heller werden, je weiter die Erdrotation die Sternwarte zur Sonne hinbewegt. Die Nacht ist nur vollkommen dunkel, solange die Sonne mindestens 18 Grad unter der Horizontlinie liegt. Die astronomische Dämmerung beginnt, sobald unser Stern diese Grenze überschreitet. Befindet sich die Sonne zwischen 18 und 12 Grad unter dem Horizont, ist der Himmel schon ein wenig erhellt. Auch wenn die ersten Morgenstrahlen für das bloße Auge noch nicht wahrnehmbar sind, lassen sie sich leicht mit dem Teleskop ausmachen. Je näher die Sonne dem Horizont kommt, desto mehr von den Tausenden strahlender Lichtpunkte am Himmel »verschwinden« wie Kerzen, die ein himmlischer Wind ausbläst. Natürlich verschwinden die Sterne nicht wirklich und werden auch nicht ausgeblasen: Sie leuchten nach wie vor am Himmelsgewölbe. Nur sind die schwach leuchtenden Objekte, sobald der Himmelshintergrund zu hell erstrahlt, für das bloße Auge wie auch für das Teleskop nicht mehr wahrnehmbar. Die Blauen kompakten Galaxien, deren Licht ich einsammle, sind sehr weit entfernt und haben deshalb scheinbar eine sehr schwache Leuchtkraft. Sobald die astronomische Dämmerung anbricht, werden sie für das Teleskop unsichtbar. Etwa eine halbe Stunde bevor die rote Sonnenscheibe über der Horizontlinie erscheint – und damit der Tag anbricht –, muss ich die Beobachtungen beenden. Das allzu grelle Licht darf die Fotorezeptoren nicht beschädigen. Steht die Sonne nur noch 12 Grad unterhalb der Horizontlinie, werden die ersten Morgenstrahlen auch für das bloße Auge sichtbar und die Umrisse der Landschaft beginnen sich abzuzeichnen. Auf dem Meer wird nun der Horizont sichtbar: die nautische Dämmerung. Die nächtliche Dunkelheit weicht dem Tageslicht und verwandelt sich allmählich in ein gleichförmiges Grau. Befindet sich die Sonne 6 Grad unter der Horizontlinie, sind die lichtstärksten Planeten und Sterne weiterhin sichtbar, aber es ist schon ausreichend hell, dass die Menschen ihren Beschäftigungen ohne künstliche Beleuchtung nachgehen können. Das ist die bürgerliche Dämmerung.

In der immer helleren Luft
funkelt noch diese Träne
oder schwache Flamme im Glas,
als vom Schlaf der Berge ein goldener Dunst
aufsteigt,
Schwebende Bleibe
auf der Waage der Morgendämmerung
zwischen der versprochenen Glut
und dieser verlorenen Perle.

Philippe Jaccottet,
Mond am Sommermorgen[27]

Die aufziehende Morgenröte mahnt mich, meine Beobachtungen zu beenden. Der Techniker »bringt das Teleskop ins Bett« und empfiehlt sich, um selbst ein paar Stunden Ruhe zu tanken. Doch bevor er den Gipfel verlässt, muss er den Spalt in der Kuppel schließen, zum Schutz den Teleskopspiegel abdecken, das Teleskop in den Ruhezustand versetzen, also in die Waagerechte bringen, und alle nicht benötigten Elektromotoren ausschalten. Für mich ist es derweil an der Zeit, Bilanz zu ziehen und die Beobachtungen auszuwerten. Insgesamt komme ich auf elf neu erfasste Galaxien. Die Nacht war hervorragend, der Himmel blieb ruhig und wolkenlos, das Teleskop und die Messinstrumente haben perfekt funktioniert. Eine letzte Sache ist noch zu tun: alle gesammelten Daten der Nacht in digitaler Form auf meinen Rechner in Virginia schicken. Dort liegen sie dann gut gesichert und warten auf mich, bis ich zurück an der Universität bin und sie mir gründlich anschaue.

◂ Claude Monet, *Die Seine bei Vernon, Morgen-Effekt* (Detail)

Ich verlasse die Kuppel, trete hinaus ins erste Tageslicht. So hell ist der Himmel nach dem Dunkel der Nacht, dass ich blinzeln muss. In der Ferne zeigt sich knapp über der Wolkendecke die gerade aufgegangene Sonne. Aufgrund eines Brechungseffekts des Lichts in der Atmosphäre erscheint die Sonnenscheibe nicht ganz rund.

Die ersten Sonnenstrahlen legen sich warm auf mein

Morgendämmerung
Substantiv, feminin
Bedeutung: Dämmerung am Morgen
Synonyme: Morgengrauen, Sonnenaufgang, Tagesanbruch
Beispiele:
die frühe, graue, zunehmende Morgendämmerung
vor, in der Morgendämmerung
die Morgendämmerung bricht an
gehoben: die Morgendämmerung steigt herauf

Der Duden

Die Dauer der Morgendämmerung, definiert als das Zeitintervall zwischen dem Moment, in dem die Sonne 18° unter dem Horizont steht, und dem Moment, in dem sie sich über der Horizontlinie zeigt, ist abhängig von der geografischen Breite. Bei einer geografischen Breite von 19,8 wie hier auf dem Mauna Kea sind das ungefähr 25 Minuten. Am Äquator dauert sie nur wenige Minuten, während sie sich nahe der Pole über mehrere Stunden ziehen kann. Im tiefsten Winter dauert in diesen Regionen die Nacht und im Hochsommer der Tag jeweils 24 Stunden, sodass es zeitweise gar keine Dämmerung gibt.

Gesicht. Langsam vertreiben sie die Kälte der Nacht. Das goldene Licht unseres Sterns spielt Verstecken mit all den Wolkenfiguren, die sich in seine Bahn schieben. Meine Augen haben sich an die Helle gewöhnt. Nach dem eintönigen Dunkel der Nacht zeigt sich die Welt wieder überbordend bunt. Auf ihrem Weg hinauf zum Horizont verfärbt die Sonne den Himmel von Schwarz zu Grau, dann kommen Gelb- und Rottöne dazu. Im Osten, wo die Sonnenscheibe auftauchen wird, glänzt es golden und prächtig orange. Streifen in loderndem Rot, zartem Rot und Rotorange verjagen das Dunkelblau und Violett der Dämmerung. Das farbenprächtige Schauspiel ist atemberaubend. Auf meinem Gesicht spüre ich einen sanften Luftzug und die stille Schönheit der Sonne, die mittlerweile über den Wolken thront.

Ich verlasse den Gipfel des Mauna Kea und steige hinab zum Schlafquartier im Hale Pohaku, um dort zu frühstücken und ein paar Stunden zu schlafen. Auch die kommende Nacht steht unter günstigen Zeichen: Die Meteorologen sprechen einhellig von gutem Wetter. Heute Abend nach dem Abendessen werde ich wieder auf den ruhenden Vulkan hinaufsteigen. Und wieder werde ich mich auf die Reise ins Dunkel der Nacht begeben. Einer neuen Nacht.

William Turner, *Inverary Pier, Loch Fyne, Morgen* ▸

KLEINER EXKURS

Die Nacht ist auch die Zeit der Mystiker

Zweifellos liegt das daran, dass die Nacht zur Stille einlädt, zur inneren Sammlung, zum Nachdenken, zum Über-uns-Hinauswachsen, zur Transzendenz, egal ob wir diese Gott, Natur, Kosmos oder Schönheit nennen. Sie öffnet den Weg zu mystischen Ereignissen, die uns nicht unverändert lassen und uns im Innersten bewegen.

Diese dunkle Nacht ist ein Einströmen Gottes in den Menschen, das ihn von seinen gewohnheitsmäßigen natürlichen und geistlichen Unkenntnissen und Unvollkommenheiten läutert; die Kontemplativen nennen sie eingegossene Kontemplation oder auch »mystische Theologie«. Hier belehrt Gott den Menschen geheimnisvoll und unterrichtet ihn in der Vollkommenheit der Liebe.

Johannes vom Kreuz,
Die Dunkle Nacht[28]

Giotto, *Szenen aus dem Leben des Heiligen Franz von Assisi* (Detail)

Paul Gauguin, *Christus im Olivenhain*

Und sie kamen zu einem Garten mit Namen Gethsemane. Und er sprach zu seinen Jüngern: Setzt euch hierher, bis ich gebetet habe. Und er nahm mit sich Petrus und Jakobus und Johannes und fing an zu zittern und zu zagen und sprach zu ihnen: Meine Seele ist betrübt bis an den Tod; bleibt hier und wachet!

Markus 14,32–42,
Jesu letzte Nacht[29]

Ich habe ein schreckliches Verlangen nach – soll ich es sagen – nach Religion, also gehe ich nachts hinaus und male die Sterne.

Vincent van Gogh,
Brief an seinen Bruder Theo
vom 29. September 1888

Vincent van Gogh, *Sternennacht über der Rhône*

Nie ist es völlig Nacht.
Es gibt immer, ich sage es doch,
Ich behaupte es doch,
Am Ende des Kummers
Ein geöffnetes Fenster,
Ein erleuchtetes Fenster,
Es gibt immer einen Traum, der bleibt,

Einen Wunsch zu erfüllen, einen Hunger zu stillen,
Ein freigebiges Herz,
Eine versöhnliche Hand, eine offene Hand,
Achtsame Augen,
Ein Leben, das Leben mit-
einander zu teilen.

Paul Éluard,
Und ein Lächeln[30]

Danksagung

Mein Dank gilt Sophie de Sivry, die mich dazu angeregt hat, einmal über die Nacht als Thema nachzudenken. Sie hatte bereits die Vorahnung, dass sich unter diesem Thema Wissenschaft, Malerei, Dichtung und Schönheit zu einem Buch zusammenführen lassen, das sowohl die Augen als auch den Geist erfreut. Sie hat sich nicht getäuscht.

Ich bedanke mich auch bei Hélène de Virieu für ihre geduldige und unverzichtbare Arbeit beim Auffinden der malerischen und dichterischen Werke, die diesen Text begleiten und ihn wunderschön ergänzen.

Dank allen beiden für ihren stets klugen Rat, ihr waches Auge und ihr Feingefühl.

Bildnachweis

S. 1: Vollmond © Cirou/Altopress/Andia – **S. 18/19:** Sternwarte auf dem Mauna Kea im Abendlicht © David Nunuk/SPL/Cosmos – **S. 22:** Große Magellansche Wolke © Nasa/Science Photo Library/Cosmos – **S. 30/31:** Gewitter und Milchstraße, beobachtet von der Sternwarte auf dem Mauna Kea, Big Island, Hawaï, USA © L. Heitz/Sagaphoto – **S. 35:** Mark Rothko, Ohne Titel – Weiß, Gelb, Rot auf Gelb, 1953 © Christie's/Artothek/La Collection © 1998 Kate Rothko Prizel und Christopher Rothko-Adagp, Paris, 2017 – **S. 40/41:** Die Erde von der *Apollo 4* aus betrachtet, computerimplementierte Darstellung © Nasa/SPL/Cosmos – **S. 46/47:** Henri Rousseau, genannt »Der Zöllner«, Die schlafende Zigeunerin © leemage – **S. 51:** Die Erde vom Mond aus betrachtet, im Zuge der Mission *Apollo 11*, Juli 1969 © Roger-Viollet – **S. 52:** Roy Lichtenstein, Nachts am Meer © Christie's/Artothek/La Collection © Estate of Roy Lichtenstein New York/Adagp, Paris, 2017 – **S. 54:** Nautilus-Gehäuse, koloriert durch Röntgenstrahlen © D. Roberts/SPL/Cosmos – **S. 61:** Radarkarte der Venus © JPL/Nasa/SPL/Cosmos – **S. 62/63:** Sonnenfinsternis im Nebel © plainpicture/Cavan Images – **S. 65:** Ernesto Michahelles, genannt Thayaht, *Cirnos*, 1928 © Sandro Michahelles/La Collection © Thayaht (Ernesto Michahelles) – **S. 68/69:** Der »Große rote Fleck« des Jupiters, computerbearbeitet © Nasa/SPL/Cosmos – **S. 72:** Sternenbäume © plainpicture/Johner/Martin Almqvist – **S. 74:** Marc Chagall, *Blaue Landschaft*, 1949 © Artothek/La Collection/Adagp, Paris, 2017 – **S. 76:** Pablo Picasso, *Die Umarmung*, 1903 © leemage.com © Succession Picasso 2017 – **S. 78/79:** Edvard Munch, *Der Kuss*, 1892 © akg-images/Erich Lessing – **S. 86/87:** Spiralgalaxie Messier 101 (Pinwheel Galaxy) © European Space Agency et Nasa – **S. 90:** Der Komet Hale-Bopp © Chris Madeley/SPL/Cosmos – **S. 95:** Georges Braque, Illustration zu René Chars Lettera amorosa © Bridgeman Images/Adagp, Paris, 2017 – **S. 100/101:** Vassily Kandinsky, Skizze für Einige Kreise, 1926 © leemage.com – **S. 106:** Sternenfeld im Zeichen des Schützen © Nasa, European Space Agency, K. Sahu (STScI) and the SWEEPS science team – **S. 112/113:** Orionnebel, fotografiert vom Weltraumteleskop Hubble © Nasa –

S. 119: Milchstraße, gesehen vom chilenischen Altiplano bei San Pedro de Atacama © B. A. Tafreshi/Novapix/Leemage – **S. 122/123:** Claude Monet, *Seerosen* (Detail) © RMN-Grand Palais (musée de l'Orangerie)/Hervé Lewandowski – **S. 131:** Georgia O'Keeffe, *City Night* © Bridgeman Images – **S. 134:** Amédée Ozenfant, *Une rue, la nuit* © RMN-Grand Palais/Agence Bulloz/Adagp, Paris, 2017 – **S. 140/141:** Die Erde in der Nacht 2016 © Nasa Earth Observatory/Joshua Stevens using Suomi NPP VIIRS data from Miguel Román, Nasa's Goddard Space Flight Center – **S. 144/145:** René Magritte, *L'Anneau d'or* © Christie's/Artothek/La Collection/Adagp, Paris, 2017 – **S. 150/151:** Andromedagalaxie © Bill Schoening, Vanessa Harvey/REU program/NOAO/AURA/NSF – **S. 154:** Die Sonne © Nasa – **S. 160:** Odilon Redon, *Budda* © leemage – **S. 162:** Ssternenbäume © plainpicture/Johner/Martin Almqvist – **S. 164:** Francisco José de Goya y Lucientes, *Saturn verschlingt eines seiner Kinder* © Bridgeman Images – **S. 166/167:** Edvard Munch, *Der Tanz des Lebens* © leemage.com – **S. 169:** Hieronymus Bosch, *Die Hölle* (Detail) © akg-images/MPortfolio/Electa – **S. 175:** Mondaufgang vor dem Sonnenaufgang aus dem Orbit, STS-52 © Nasa/SPL/Cosmos – **S. 180/181:** Die Tiefen des Alls, betrachtet durch das Weltraumteleskop Hubble © Nasa/ESA/STSCI/S. Beckwith, HUDF Team Science Photo Library/Cosmos – **S. 184:** Karte des uns umgebenden Kosmos © Sloan Digital Sky Survey – **S. 192:** Kugelsternhaufen © European Space Agency/Hubble et Nasa/Gilles Chapdelaine – **S. 195:** Kasimir Malevitsch, *Schwarzer Kreis* © leemage.com – **S. 199:** Computersimulation der dunklen Materie © John Dubinski, Universität Toronto – **S. 202/203:** Gewitter auf Saturn © Nasa/JPL-CALTECH/Space Science Institute/SPL/Cosmos – **S. 206/207:** Mars fotografiert vom Weltraumteleskop Hubble © Nasa/ESA/STSCI/Hubble Heritage Team/SPL/Cosmos – **S. 213:** Edward Robert Hugues, *Die Nacht* © Christie's/Artothek/La Collection – **S. 221:** René Magritte, *Der sechzehnte September* © Bridgeman/Adagp, Paris, 2017 – **S. 224:** Claude Monet, *Die Seine bei Vernon, Morgen-Effekt* (Detail) © Christie's Images/Bridgeman Images – **S. 228/229:** William Turner, *Inverary Pier, Loch Fyne, Morgen* © Artothek/La Collection – **S. 230:** Sternenbäume © plainpicture/Johner/Martin Almqvist – **S. 233:** Giotto di Bondone, *Szenen aus dem Leben des Franz von Assisi* (Detail) © leemage.com – **S. 234/235:** Paul Gauguin, *Christus im Olivenhain* © Leemage – **S. 236/237:** Vincent Van Gogh, *Sternennacht über der Rhône* © Bridgeman Images – **S. 248/249:** Der Sonnenaufgang vom Weltraum aus gesehen, beeinflusst durch den Staub des Vulkans Pinatubo © Nasa/SPL/Cosmos.

Textnachweise

1 Quelle: *Mondschein*, dt. von Georg Freiherr von Ompteda, Egon Fleischel & Co. Verlag, Berlin 1919, http://gutenberg.spiegel.de/buch/mondschein-2519/18

2 Rilke, Rainer Maria, *Gedichte an die Nacht*, Suhrkamp, Frankfurt/Main 1976.

3 Antoine de Saint-Exupéry, *Der kleine Prinz*, dt. von Grete und Josef Leitgeb, Karl Rauch Verlag, Düsseldorf 1950, S 31/32.

4 Albert Camus, *Caligula*, dt. von Uli Aumüller, Rowohlt, 2015, S. 14 u. 15

5 Keats, John: *Gedichte*, dt. von Gisela Etzel, Insel Verlag, Leipzig 1910, S. 12–15.

6 *Shakespeares dramatische Werke*, dt. von August Wilhelm Schlegel, Band 1, Johann Friedrich Unger, Berlin 1797.

7 vgl. Nizami, *Die Geschichte der Liebe von Leila und Madschnun*, erstmals aus dem Persischen verdeutscht und mit einem Nachwort versehen von Rudolf Gelpke, Manesse, Zürich 1963.

8 in: *Das Spektrum der modernen Poesie, Interpretationen deutschsprachiger Lyrik 1900–2000 im internationalen Kontext der Moderne*, hrsg. von Hans H. Hiebel, Band 2, Königshausen & Neumann, Würzburg 2006, S. 168.

9 Louis-Ferdinand Céline, *Reise ans Ende der Nacht*, dt. von Hinrich Schmidt-Henkel, Rowohlt, Reinbek 2003, (Gallimard 1932/1981), S. 531.

10 vgl. Pham Duy Khiêm, *Vietnamesische Märchen*, dt. von Arthur Zahn und Sebastian Zenke, Fischer, Frankfurt/M. 1975.

11 Quelle der Übersetzung: http://www.handgemalt24.de/categorie?cat=3252 &xd62a1=iht8atqej35fjgqc4 toa2e5d24#a6

12 Georg Büchner, *Dantons Tod: Dramatische Bilder aus Frankreichs Schreckensherrschaft*, Sauerländer, Frankfurt/Main 1835, S. 152.

13 »Der kleine Däumling« in: Ludwig Bechstein, *Deutsches Märchenbuch*, adaptiert von Ludwig Bechstein, 2 Bände, Georg Olms Verlag, Hildesheim 1845 (Erstausgabe).

14 vgl. Tanizaki Jun'ichirō, *Lob des Schattens: Entwurf einer japanischen Ästhetik*, dt. von Eduard Klopfenstein, Manesse Verlag, München 2010.

15 Henry D. Thoreau, *Tagebuch I*, dt. von Rainer G. Schmidt, Matthes & Seitz Berlin, 2015, S. 39.

16 Marcel Proust, *Auf dem Weg zu Swann*, dt. von Bernd-Jürgen Fischer, Reclam, Stuttgart 2017, S. 191.

17 übersetzt von Thomas Eichhorn, in: *Zwischen Feuer und Flamme*, DTV 2007, S. 169.

18 dt. von H.-P. Herbst in: Anthony Zee, *Magische Symmetrie: Die Ästhetik in der modernen Physik*, Springer-Verlag, Basel 2013, S. 54.

19 *Shakespeares Schauspiele*, dt. von Johann Heinrich Voß und dessen Söhnen Heinrich Voß und Abraham Voß, J. B. Metzler'sche Buchhandlung, Stuttgart, 1829, S. 20.

20 Jean-Pierre Vernant, *Götter und Menschen: Griechische Mythen neu erzählt*, dt. von Hella Faust, Dumont, Köln 2004, S. 58–59.

21 Edgar Allan Poe, *Heureka* (Teil II), dt. von Hedwig Lachmann, J. C. C. Bruns, Minden 1901.

22 Rainer Maria Rilke, *Die Gedichte*, Insel Verlag, Frankfurt und Leipzig, 2006, S. 568.

23 Robert Frost, *Promises to keep*, dt. von Lars Vollert, Langewiesche-Brandt, Ebenhausen bei München 2002, S. 105.

24 Immanuel Kant, *Kritik der praktischen Vernunft*, 1788, Kapitel 34, »Beschluß«

25 Banesh Hoffmann: *Albert Einstein, Schöpfer und Rebell*, dt. von Jeanette Zehnder, Belser Verlag, Verlag Stocker-Schmid 1976.

26 T. S. Eliot: *Vier Quartette. Four Quartets*, dt. von Norbert Hummelt, Suhrkamp, Berlin 2015.

27 Philippe Jaccottet, in: *Theorie und Praxis der Analyse französischer Texte: eine Einführung*, hrsg. von Peter Fröhlicher, Gunter Narr Verlag, Tübingen 2004, S. 243/4.

28 Johannes vom Kreuz, *Die Dunkle Nacht, Sämtliche Werke*, hrsg. und neu übersetzt von Elisabeth Hense, Elisabeth Peeters und Ulrich Dobhan, Herder, Freiburg 2013, S. 103.

29 Lutherbibel 2017

30 Paul Éluard in: *Petite promenade littéraire, Spaziergang durch die französische Literatur*, hrsg. und übertragen von Christiane von Beckerath, dtv, München 2007, S. 19.

Bibliografie

Freeman Dyson, Innenansichten: Erinnerungen an die Zukunft, Birkhauser, Basel/Boston/Stuttgart 1981.

Albert Einstein, Brief an Murray W. Gross, 26. April 1947, in: Banesh Hoffmann, *Einstein, Schöpfer und Rebell,* dt. von Jeanette Zehnder, Belser Verlag, Verlag Stocker-Schmidt, Dietikon-Zürich 1976.

Stephen J. Gould, *Illusion Fortschritt. Die vielfältigen Wege der Evolution,* dt. von Sebastian Vogel, Fischer, Frankfurt/M. 1998.

Immanuel Kant, *Beobachtungen über das Gefühl des Schönen und Erhabenen,* Könemann, Köln 1764.

Jacques Monod, *Zufall und Notwendigkeit. Philosophische Fragen der modernen Biologie,* dt. von Friedrich Griese, Piper, München 1992.

Pham Duy Khiêm, *Vietnamesische Märchen,* dt. von Arthur Zahn und Sebastian Zenke, Fischer, Frankfurt/M. 1975.

Jonathan B. Losos, *Glücksfall Mensch: Ist Evolution vorhersagbar?,* dt. von Sigrid Schmidt und Renate Weltbrecht, C. Hanser, München 2018.

Edgar Allan Poe, *Gesammelte Werke 1: Heureka und die Gedichte in Prosa,* dt. von Franz Blei, Rösl, München 1922.

Marcel Proust, Auf dem Weg zu Swann, dt. von Bernd-Jürgen Fischer, Reclam, Stuttgart 2013.

Antoine de Saint-Exupéry, *Der kleine Prinz,* dt. von Grete und Josef Leitgeb, Karl Rauch Verlag, Düsseldorf 1950.

Der Sonnenaufgang aus dem Weltraum gesehen

Was bleibt noch zu tun, als allen anderen
und sich selbst eine »Gute Nacht«
zu wünschen, was so viel heißt wie
eine Nacht ohne Zwischenfälle?

Michaël Fœssel,
La nuit. Vivre sans témoin
(Die Nacht. Ohne Zeugen leben)